科学的南京

Scientific Nanking

中国科学社 编

顾金亮　吴德广 校注

东 南 大 学 出 版 社

·南京·

内容提要

中国科学社是近现代中国延续时间最长、影响最为深远的综合性科学社团，它团聚了数千名当时中国学术界的精英，促成并参与了中国近现代科学的发生发展，见证了中国社会的变迁。1916年9月，中国科学社成立南京支部，后来依照社章将其改为南京社友会。1918年10月，中国科学社的办事机构由美国迁回国内，并在南京设立事务所，其总部也设在南京，主要在南京发展。1928年，中国科学社迁入上海新社所，转以上海为发展中心。中国科学社的同仁对相伴12载的南京抱有深深的感情，他们以科学的精神来表达这份情感。中国科学社于1932年出版了《科学的南京》，其中包括竺可桢的《南京之气候》、秉志的《南京之自然史略》、谢家荣的《钟山地质及其与南京市井水供给之关系》、赵亚曾的《南京栖霞山石灰岩之地质时代》、张春霖的《南京鱼类之调查》、林刚的《南京木本植物名录》、张更的《雨花台之石子》、赵元任的《南京音系》、张其昀的《南京之地理环境》等，以科学的方法系统研究了南京的地理环境、气候、地质、动植物、矿物、方言等。这些论著至今仍有重要的参考价值。

图书在版编目(CIP)数据

科学的南京/中国科学社编；顾金亮，吴德广校注.
—南京：东南大学出版社，2014.9
ISBN 978-7-5641-4730-3

Ⅰ.①科… Ⅱ.①中… ②顾… ③吴… Ⅲ.①自然环境—概况—南京市—民国 Ⅳ.①X321.253.1

中国版本图书馆CIP数据核字(2014)第003088号

科学的南京

出版发行：东南大学出版社
社　　址：南京市四牌楼2号　邮编：210096
出 版 人：江建中
网　　址：http://www.seupress.com
电子邮箱：press@seupress.com
经　　销：全国各地新华书店
印　　刷：江苏凤凰盐城印刷有限公司
开　　本：700 mm×1 000 mm　1/16
印　　张：14.25
字　　数：219千字
版　　次：2014年9月第1版
印　　次：2014年9月第1次印刷
书　　号：ISBN 978-7-5641-4730-3
定　　价：68.00元

中国科学社与南京

——代校注者前言

在古希腊神话中，普罗米修斯为了把光明带给人间而从上帝那里盗来火种，最终不惜牺牲了自己。20世纪初，一群中国留学生想把曾给西方带来现代文明的科学之火传播到中华大地，于是，他们办起了我国最早的自然科学杂志——《科学》，并创立了一个综合性的科学团体——中国科学社。中国科学社1914年从美国纽约州绮色佳(Ithaca)小镇走来，1960年黯然退场于上海，经历了近半个世纪的风雨沧桑和山重水复，其间有12年以南京为发展中心，把科学的火种撒向南京，与南京结下了千丝万缕的联系。

一、中国科学社的创建

“1914年夏天，当欧洲大战正要爆发的时候，在美国康奈尔大学留学的几个中国学生某日晚餐后聚集在大同俱乐部闲谈，谈到世界形势正在风云色变，我们在国外的同学们能够做一点什么来为祖国效力呢？于是，有人提出，中国所缺乏的莫过于科学，我们为什么不能刊行一种杂志来向中国介绍科学呢？这个提议立即得到大家的赞同，于是就拟一个‘缘起’，募集资金，来做发行《科学》月刊的准备。”①

最初在这个“缘起”上签名的依次为胡达(胡明复)、赵元任、周仁、秉志、章元善、过探先、金邦正、杨铨(杏佛)、任鸿隽等9人。9人当中，杨铨、任鸿隽是稽勋生，余下7人皆为官费留美生。根据任鸿隽的回忆：“因为要发行《科学》杂志，他们才组织科学社。必须说明，此时的科学社并无正式组织，或者可以说它暂时取一种公司形式，入社的须交股金五

① 任鸿隽：《中国科学社社史简述》，载《中国科技史料》，1983年第1期，第2—13页。

元,作为刊行《科学》资本。"[①]1914年6月29日,"科学社"发出具体的工作草案和招股章程。据胡适回忆,"最初的章程是杨铨手写付印的",具体内容如下[②]:

(一)定名　本社定名科学社(Science Society)。

(二)宗旨　本社发起《科学》(Science)月刊,以提倡科学,鼓吹实业,审定名词,传播知识为宗旨。

(三)资本　本社暂时以美金四百元为资本。

(四)股份　本社发行股份票四十份,每份美金十元,其二十份由发起人担任,余二十份发售。

(五)交股法　购一股者限三期交清,以一月为一期;第一期五元,第二期三元,第三期二元。购二股者,限五期交清;第一期六元,第二、三期各四元,第四、五期各三元。每股东以三股为限,购三股者其二股依上述二股例交付,余一股照单购法办理。凡股东入股、转股,均须先经本社认可。

(六)权利　股东有享受盈余及选举被选举权。

....

从上面的章程可以看出,此时的科学社只是一个松散的联合,以集股的方式吸收社员,交纳股金即可成为该社社员。章程寄到各地后,入社者十分踊跃,在不到3个月的时间里就积聚了77人。科学社专门成立了以杨铨为部长的编辑部,在召开几次会议后,《科学》第一批1—3期的稿件由毕业回国的总经理黄伯芹带回上海,交商务印书馆出版发行。时值第一次世界大战爆发,黄伯芹见时势不好,失去信心,"几乎要停办"[③]。但在留美社员的坚持下,科学社新聘环球中国学生会总干事朱少屏为总经理,专门经营《科学》杂志的销售发行,并把环球中国学生会会址静安寺路51号作为《科学》杂志的总发行所。1915年1月1日,《科

① 任鸿隽:《中国科学社社史简述》,载《中国科技史料》,1983年第1期,第2—13页。

② 胡适:《回忆明复》,载《科学》,1928年第13卷第6期,第829—830页。

③ 任鸿隽:《外国科学社及本社之历史》,载《科学》,1917年第3卷第1期,第15—16页。

学》创刊号在上海诞生，从此近代中国的科学宣传与普及进入“新时代”，中国近代科学的发展也迎来了“新契机”。

《科学》是发刊了，可是科学社的宗旨是“提倡科学，鼓吹实业，审定名词，传播知识”，仅出版一份杂志“名不副实”。因此，社中同仁深感“以杂志为主，以科学社为属，不免本末倒置之病者”，邹树文提出了将“科学社”改组为学术性社团的建议。董事会在发信通告社员、征求意见后，遂委派胡明复、邹秉文、任鸿隽负责起草社章。社章规定，中国科学社社员分为5类，即普通社员、特社员、仲社员、名誉社员和赞助社员。

具体来说，即[①]：

(1) 普通社员。“凡研究科学或从事科学，赞同该社宗旨，得社员2人介绍，经理事会之选决者为普通社员。”普通社员为该社基本成员，占社员组成的主体。普通社员的入社费为每人10元，入社后每年纳费5元。

(2) 特社员。“凡本社社员有科学上特别成绩，经董事会或社员20人连署之提出，得常年会到会社员之过半数之选决者为本社特社员。”据1930年版的《中国科学社社员录》，特社员有11人：汪兆铭(汪精卫)、吴伟士、吴敬恒(吴稚晖)、胡敦复、马良、马和、孙科、蔡元培、张轶欧、周美权、葛利普(A. W. Grabau)。

(3) 仲社员。“凡在中学三年以上或其相当程度之学生，意欲将来从事科学，得社员两人(但一人可为仲社员)之介绍，经董事会之选决者可为该社仲社员。”仲社员入社两年以后，由社员2人之介绍，经董事会选决成为该社正式社员。

(4) 名誉社员。“凡于科学学问事业上著有特别成绩，经董事会之提出，得常年会到会社员过半数之选决者为本社名誉社员。”数十年间，国内外仅有张謇、爱迪生、格林满(Mitlon J. Greenman)、李约瑟(Joseph Needham)4人当选。张謇为南通实业大王，爱迪生为国际发明大家，格林满为美国韦斯特生物研究所主任、国际知名的生物学家，李约瑟为著名的中国科学史研究专家。

---

① 《中国科学社总章》，载《科学》，1916年，第2卷第1期，第129页。

(5) 赞助社员。“凡捐助本社经费在200元以上或于他方面赞助本社，经董事会之提出，得常年会到会社员过半数之选决者为本社赞助社员。”赞助社员的选举主要在年会期间进行，当选者多为年会的赞助者、筹办者。据任鸿隽回忆，赞助社员有20余人，包括徐世昌、黎元洪、熊克武、傅增湘、范源濂、袁希涛、王搏沙等。这些人多为政界、军界、实业界、教育界以及文化出版界的显要。

另外，社章还规定了“终生社员”。凡社员一次纳费至100元(美金50元)者为终生社员，不再缴纳常年费。据1930年版的《中国科学社社员录》，终生社员有任鸿隽、杨铨、秉志、竺可桢、胡适、翁文灏等67人。

1915年10月25日，社章为全体社员表决通过，以“联络同志，共图中国科学之发达”为宗旨，将股份公司形式的科学社改组为学术社团形式的中国科学社，成立董事会、分股委员会、书籍译著部、图书馆部和《科学》编辑部等职能机构，开启了全面筹划发展中国科学事业的历史进程。

二、中国科学社在南京的发展

1. 成立南京社友会(1916.9—1918.10)

为了便于社员联络和举办学术活动，中国科学本社还在社章中对分社以及社友会的成立作了规定。“凡一地社员在40人以上的得设立分社，在20人以上的得设立社友会。”[①]从1915年开始，社员们陆续回国，很多人选择南京作为职业生涯的起点。如过探先，1915年回国，应聘至江苏省第一甲种农业学校，并担任校长；张准(张子高)、孙洪芬、王琎于1916年回国后执教于南京高等师范学校；钱崇澍，1916年回国，先执教于江苏省第一甲种农业学校，后执教于金陵大学；邹秉文，1916年回国，先执教于金陵大学农科，1917年任南京高等师范学校农科主任；周仁，1915年回国，1917年执教于南京高等师范学校。由于南京聚集了一大批中国科学社社员，因此在南京的社员们便倡议成立中国科学社南京支社。1916年9月24日，南京支社成立会议在南京第一甲种农业学校举行，到会者18人。会议议决了10条简章，举定过探先、邹树文、钱崇澍3

① 任鸿隽:《中国科学社社史简述》，载《中国科技史料》，1983年第1期，第2—13页。

人为理事，并按照章程推举过探先为理事长。此时南京支社有社员 20 人，具体为：邹树文、郭秉文、杨孝述、张准、吴家高、顾维精、过探先、钱崇澍、许先甲、李协、朱箓、陈嵘、吴元涤、唐昌治、曾济宽、余乘、陈方济、庞斌、范永增、吴致觉。[①] 1918 年，在南京的中国科学社社员又有增加。据《科学》杂志记载，这一年在南京各高等学校供职的中国科学社社员有：南高的郭秉文（时任代理校长）、陶行知、原颂周、吴康、王琎、邹秉文、徐尚、张天才、吴家高、贺懋庆、胡先骕、周仁（周子竞）、郑宗海、张准、陈容、朱箓；河海工程专门学校的许先甲（时任校长）、李协、范永增、杨孝述；江苏省第一甲种农业学校的过探先（时任校长）、钱崇澍、孙思尘、陈嵘、唐昌治、曾济宽、吴元涤、余乘；金陵大学的钱天鹤、凌道扬，共计 30 人。[②] 南京支社是中国科学社第一个地区性的二级机构，后来依照社章改为南京社友会。

"科学的种子"移植国内并生根发芽不仅仅是一二个人的事情，一个相对宽松的氛围尤为重要。中国科学社社员在南京的集聚为科学氛围的营造创造了条件。杨杏佛在 1918 年 12 月 13 日去汉阳途经南京的日记中就曾记到："晨九时半同志道至中正街河海工程学校见郑辅华、李宜之、杨孝述诸先生，十一时至高等师范学校见周子竞、徐志芗、张子高、吴康、朱箓、胡步曾、郑宗海诸先生……晚在秉文（邹秉文）家赴科学社董事请宴，与席者：许少南、杨孝述、钱崇澍、过探先、周子竞、胡步曾、应尚德、郑辅华、钱天鹤、李宜之、邹秉文诸君……席终谈《科学》编辑事，皆以宜即振作精神为然，然后推定仍以钱崇澍君为总编辑，胡先骕、王季梁为副编辑。"[③]由此可见当初中国科学社领导者们创业的劬劳。

2. 确定以南京为总部（1918.10—1920.3）

1918 年 10 月 26 日，中国科学社社长任鸿隽和《科学》杂志原编辑部部长杨铨归国。此前，金邦正、周仁、过探先、胡明复、竺可桢等已陆续

---

① 《中国科学社纪事》，载《科学》，1917 年第 3 卷第 8 期，第 913—916 页。

② 《中国科学社纪事・本社社员之调查》，载《科学》，1919 年第 4 卷第 7 期，第 712—714 页。

③ 杨铨：《杏佛日记》，载《中国科技史料》，1980 年第 2 期，第 136—141 页。

回国。中国科学社本部由此移至国内,他们先后在大海大同学院和南京高等师范学校各借一屋作为办事处[①],并试图将上海作为社务中心。

任鸿隽、杨铨一踏上故土,就与胡明复、朱少屏、邹秉文等联络,寻求中国科学社在上海的发展方略。据杨铨日记记载,他回上海的第二天(10月27日),就与任鸿隽、胡明复等前往环球中国学生会,与朱少屏见面,"谈《科学》事及时事约数十分钟"。嗣后,他们不断会面讨论筹款与《科学》编辑等事。

10月29日:杨铨应胡明复邀,晤胡敦复、朱文鑫、曹雪赓等,"席间言《科学》文字日少,非沪上会员为力将不济,曹、朱两君皆允为力,朱君尚非会员亦于此时允入会,亦来沪后一得意事也"。

10月30日:杨铨与朱少屏、胡明复等"共议科学社筹款办法,至九时始散"。

11月1日:杨铨与任鸿隽拜访章太炎,"恳先生为科学社作募捐启"。

11月2日:杨铨与任鸿隽、胡明复到环球中国学生会演讲,讲题分别为《个人效率主义》、《何为科学家》、《最新之电子学说》。

11月5日:杨铨等到青年会,"议《科学》发行事与基金募集筹划"。

到12月7日,任鸿隽、杨铨、邹秉文、胡明复、朱少屏等才最终议决中国科学社筹款办法[②]:

(1) 上海筹款定明年三月一日起;

(2) 用分团法筹款;

(3) 在三月前各人竭力先向各方筹集。

但中国科学社领导人在上海的活动效果并不明显,只得纷纷离开回国后落脚的第一站上海,赴南京、武汉、北京等地寻找职业,上海作为社务中心的理想"破灭"了。

当时中国科学正处于起步阶段,供学人发挥才能的科研机构几乎没有,偌大的中国只有南京高等师范学校、北京大学等少数高校和地质调查所等机构差强人意。因此,大批留学生回国后不是徜徉于官场,就是

---

① 《中国科学社纪事·致南京高等师范(学校)上海大同学院两校》,载《科学》,1919年第4卷第5期,第508页。

② 杨铨:《杏佛日记》,载《中国科技史料》,1980年第2期,第136—141页。

流连于商场，只有一小部分人致力于近代教育与学术体系的建立。上海此时虽然已经是中国的工业中心、西学输入中心、新闻出版业中心，但有名的高校还是难以寻找，圣约翰大学在科学方面不能与金陵大学相提并论，后来的上海交通大学当时还叫交通部上海工业专门学校，复旦大学、大同学院在科学方面也很薄弱。因此，对于主体专习科学技术的中国科学社社员来说，想要在中国近代科学技术上有所作为，上海提供的空间实在有限。

杨铨本欲在上海谋职，并与周仁、王季同等筹备创办工厂，终因资金缺乏而无果。看到洋行中的中国职员办事情形不啻"洋奴"，自己留在上海，"亦不过此中一人耳，为之毛骨悚然"。他的岳父赵凤昌也劝导他"能为中国人办事自较为西人执役优也"，于是远赴武汉就任汉阳铁厂的成本科长。冶金出身的周仁，回国后满怀激情地想去汉冶萍公司工作。经多方接洽，都无结果。1916 年，经史量才推荐，周仁担任《申报》馆新馆建筑与安装机器的工程师，但终非长久之计，无奈之下翌年到南京高等师范学校任教。

南京因有南京高等师范学校、金陵大学、江苏省第一甲种农业学校、河海工程专门学校等大学，成为社员聚集之地，也一时成为中国科学社社务中心。1919 年 8 月 8 日，中国科学社鉴于"事务日多，所假南京高等师范学校房屋不敷应用"，决定把事务所"迁移到城北大仓园一号洋房内办公"。[①] 1919 年 12 月，通过社员王伯秋的活动，张謇的上书争取，北洋政府批复南京成贤街文德里的一处官房先由中国科学社"暂行借用，不收租金"。但是中国科学社要设立图书馆、创建研究所，这不是临时租房所能解决的。于是中国科学社又通过张謇继续斡旋。1920 年 2 月 29 日，张謇又上书北洋政府总统徐世昌和财政部长李思浩：

徐大总统钧鉴、赞侯总长大鉴：

据科学社社长函称："本社于八年十一月呈请财政部拨给江宁县城文德里官房，为中国科学社开办图书馆及研究所之

① 《中国科学社南京事务所迁移通告》，载《科学》，1919 年第 4 卷第 9 期，第 1 140 页。

用。经于是年十二月奉批'准予暂行借用,不收租金'等因。惟查本社性质及事实,对于暂行借用一节,不得不请改为永久管业者,已拟续呈。希更为一言,以成国家维持学社之盛"等情。按该社所持理由有三:一、该社为永久储藏及连续研究之用。一经陈设,势难轻移。陈列适宜,且须改作。二、美国卡尼基学社允赠该社图书,亦以该社必有永久藏书屋宇为交换条件。人之为我谋者至重,则我之自视未便过轻。三、该社全系研学问题,旨趣高尚,中外赞助者,前途之希望甚大。乃领一官房而不可得,将来修改之后,时时有收归官有之虞,亦非所以示提倡鼓励之意。是三说者,细思亦是实情,而对于卡尼基学社之表示尤要。除由该社正式续呈外,谨为达意,幸赐察准,既予杖以扶弱,毋刓印而不封也。不胜企感。敬请钧安。①

同日,张謇致函中国科学社:

敬启者:

昨奉大函,敬悉一一。论情事嫌于得陇望蜀,而一劳永逸,亦未始非计。东海及财政二函业已遵缮。鄙人之意一再为请者,良以科学为一切事业之母,诸君子热忱毅力,为中国发此曙光,前途希望实大。所愿名实相副,日月有进,毋涉他事意味及其恶习,则所心祝者耳。复颂大安。②

张謇认为中国科学社已经免费租得了社所,还提出"永久管业"要求,有"得陇望蜀"的嫌疑。鉴于中国科学社所提的条件和理由又很充分,他非常乐意再次帮忙。但这样做的理由是他认为"科学为一切事业之母",中国科学社致力于发展中国科学自然切合他的理想和思想,并希

① 张謇:《致徐世昌、李思浩函》,载杨立强、沈渭滨、夏林根等编《张謇存稿》,上海人民出版社,1987年版,第215—216页。

② 张謇:《致科学社社长函》,载杨立强、沈渭滨、夏林根等编《张謇存稿》,上海人民出版社,1987年版,第216页。

望社员们专心于科学，不要心有旁骛和沾染恶习。据任鸿隽回忆，经过6年的努力，该社所才最终由“借用”变为“永久占用”。[①]

1920年3月，中国科学社董事会执行部和《科学》编辑部迁入新址。[②] 成贤街文德里社所有南北两栋西式楼房，中国科学社将南面一栋楼房用作设立研究所、博物馆，北面一栋楼房用作设立图书馆、编辑部、办事处。胡刚复任图书馆馆长，严济慈就在这里帮助他审理《科学》稿件，整理图书，编目分类，并步入科学的殿堂。1923年严济慈从东南大学毕业时就被中国科学社破例吸纳为正式社员。[③] 许多来华的国际知名人士如罗素等也曾在这里演讲。成贤街文德里社所的取得对于中国科学社的发展具有重要的历史意义，任鸿隽称其为中国科学社“各种事业的发轫”。1920年7月，在学社第五次年会以及庆祝社所和图书馆成立会致词中，任鸿隽阐述道：“现在观察一国文明程度高低，不是拿广土众民、坚甲利兵作标准，而是用人民知识的高明，社会组织的完备和一般生活的进化来做衡量标准的。现代科学的发达与应用，已经将人类的生活、思想、行为、愿望，开了一个新局面。一国之内，若无科学研究，可算是知识不完全；若无科学的组织，可算是社会组织不完全。有了这两种不完全的现象，那末，社会生活的情形就可想而知了。科学社的组织，是要就这两方面弥补缺陷。所以今天在本社社所内开第五次年会，并纪念社所及图书馆的成立，是一件极可庆幸的事……”[④]

3. 走向鼎盛(1920.3—1928.2)

《科学》杂志的暂时发刊和固定社所的取得并不能保证中国科学社的生存与发展，迁回国内后中国科学社一直面临资金短缺的窘境，关门歇业的威胁时刻存在。因此，回国伊始中国科学社领导层的主要精力放在发起5万元基金捐款上。蔡元培、范源濂分别写了募捐启事。蔡元培的募捐启事内容如下[⑤]：

① 任鸿隽：《中国科学社社史简述》，载《中国科技史料》，1983年第1期，第2—13页。
② 《中国科学社概况》，载《科学》，1931年第20卷第10期，第811—818页。
③ 严济慈：《〈科学〉杂志与中国科学社》，《编辑学刊》，1986年第4期，第38—39页。
④ 任鸿隽：《中国科学社社史简述》，载《中国科技史料》，1983年第1期，第2—13页。
⑤ 任鸿隽：《中国科学社社史简述》，载《中国科技史料》，1983年第1期，第2—13页。

科学社征集基金启

当此科学万能时代，而吾国仅仅有此科学社，吾国之耻也；仅仅此一科学社如何维持如何发展尚未敢必，尤吾国之耻也。夫科学社之维持与发展，不外乎精神与物质两方面之需要。精神方面所需者为科学家之脑，社员百余人差足以供应之矣；物质方面所需者为种种关系科学之设备，则尚非社员能力之所能给，则有待于政府若社会之协助，此征集基金之举所由来也。吾闻欧美政府若社会之有力者，恒不吝投巨万资金以供研究科学各机关之需要。今以吾国惟一之科学社，而所希望之基金又仅仅此数，吾意吾国政府若社会之有力者，必能奋然出倍蓰于社员所希望之数以湔雪吾国人漠视科学之耻也。爰题数语以左券。

中华民国七年十二月卅一日　蔡元培

范源濂的募捐启事内容如下[①]：

为中国科学社敬告热心公益诸君

今之世界，一科学世界也。交通以科学启之，实业以科学兴之，战争攻守工具以科学成之。故科学不发达者，其国必贫且弱；反之，欲救其国之贫弱者，必于科学是赖。此证以当今各国实事，无或爽者。吾国迩年以来，渐知科学之重要。顾言者虽多，其能竭尽智尽虑以振起科学为惟一职志者，舍中国科学社外，吾未见其二也。该社创办科学杂志，嘉惠学林，亦既有年。兹拟募集基金 50 000 元，为筹办图书馆及维持杂志之用。鄙人美其前途之志并乐观其成也，特书数语以为左券，并以告热心公益之君子。

民国八年二月　范源濂

① 任鸿隽：《中国科学社社史简述》，载《中国科技史料》，1983 年第 1 期，第 2—13 页。

蔡元培和范源濂对政府和社会寄以厚望，认为要募集5万元基金是轻而易举之事。可是基金募集结果却出乎主事者的意料。任鸿隽从1918年底开始先后在广州、上海、南通、南京、北京、武汉、成都、重庆等地历访各界名人，“沿门托钵”，到次年4月不过收获1万有奇，到1922年7月，共收到普通基金中银1 000元又公债票1 015元、美金1 693元、英镑155镑，建筑金中银1 000元，永久社员中银2 375元、美金175元又公债50元，与目标相差甚远。[①] 当时中国虽然经历了所谓“资本主义黄金时代”的发展，但中华大地毕竟狼烟时起，正常的社会生产不断受到各种各样的干扰，客观地说这一结果还算差强人意。

为了争取更多的社会力量的支持，中国科学社的领导层积极推进一项改革。他们聘请了当时所谓的“社会名达”担任科学社的董事，而原先年轻的领导者则改任为理事。为此，他们在1922年于南通举行的第七次年会上提出修改社章，把原先的董事会改为理事会(最初由11人组成，各任期2年，每年改选5人)，专司执行业务；另设董事会(共9人组成，各任期9年，每年改选3人)，执行经济大政方针。新的董事会第一任董事为：马相伯、张謇、蔡元培、汪兆铭、熊希龄、梁启超、严修、范源濂、胡敦复等9人，蔡元培被推举为董事长。新的理事会第一任理事为：竺可桢、胡明复、王琎、任鸿隽、丁文江、秦汾、杨铨、赵元任、孙洪芬、秉志、胡刚复等11人。董事会成员除了征集基金和讨论某些经费问题外，很少过问科学社的工作。真正负责科学社领导工作的，还是理事会那一班人。改革的成果显著，困扰科学社多年的经费问题获得了初步的解决。

1922年后的中国，虽然军阀混战与南北对抗仍然是社会的主流，但是经过新文化运动的洗礼和“科玄论战”的启蒙，特别是随着中国科学社等科学社团大力提倡科学研究并具体实践，科学氛围渐渐形成，无论是学术人才还是学术机构都有大幅度的增长。到1926年7月，全国有国立专门以上学校20所，公立专门以上学校49所，私立专门以上学校24所[②]；同时，一些专门学会也开始创建。在此环境下，中国科学社逐步发

① 任鸿隽：《中国科学社社史简述》，载《中国科技史料》，1983年第1期，第2—13页。

② 第二历史档案馆编：《中华民国史档案资料汇编》第3辑《教育》，江苏古籍出版社1991年版，第199—203页。

展，社会地位不断提高，渐渐成为学术界的一面旗帜。

1923年1月，中国科学社董事会呈准国务会议，由江苏省国库每月拨2 000元辅助社务。每月2 000元的固定收入是当时中国科学社最大的进项，有力地保障了中国科学社各项活动的开展。[①] 当年董事会还具名向政府上说帖，请求政府用赔款关税兴办科学事业，“吾国近年以来，群知科学之重要矣，顾提倡科学之声，虽盈于朝野，而实际科学之效，终渺若神山，则以实际讲求者之缺乏，而空言提倡之无补也”；并指出在西方科学的发展历程中学会组织的贡献极大，这些学会的发展都曾得到政府的大力支持。因此请求政府从退还的赔款和加抽的关税中拨出100万元，用于资助学术团体开办研究所、博物馆，另拨300万元作为基金，“庶几吾国科学得所依藉以图发展，不惟可与西方学术界并驾齐驱，国家富强之计，实利赖之”；并附录了一份设立理化研究所、生物研究所以及建造博物馆的计划书：理化所开办费36.8万元，经常费11.6万元；生物所开办费26.5万元，经常费8.7万元；博物馆开办费32.5万元，经常费11.5万元。此乃一个庞大的国家科学研究机构的设置计划，与后来国民政府设立的中央研究院似乎有异曲同工之妙。[②]

中国科学社也对自身的未来发展做了系统规划，主要是设立研究所、博物馆、图书馆和创办杂志，研究所包括理化、生物、卫生、矿冶及特别研究所，博物馆包括自然历史博物馆和工业商品博物馆，杂志则分为专门和通俗两类。总图书馆及自然历史博物馆设在文化中心北京，理化研究所及工业商品博物馆设在工业中心上海，生物与卫生研究所设在南京，矿冶研究所设在广州，其余图书馆和特别研究所根据各地需要随处可设。[③] 中国科学社的这个规划气势恢宏，其目标是要在全国建立一个学术机构网络，似乎有当今中国科学院的影子。当时该计划已经有相当基础，在这些城市社友会不但已建立起来，而且还相当活跃。广州社友

① 任鸿隽：《中国科学社社史简述》，载《中国科技史料》，1983年第1期，第2—13页。

② 《本社请拨赔款关税上政府说帖并计划书》，载《科学》，1923年第8卷第2期，第192—195页。

③ 任鸿隽：《中国科学社之过去及将来》，载《科学》，1923年第8卷第1期，第460—475页。

会于 1921 年 6 月成立，举汪兆铭为理事长、陈伯庄为会计、黄昌谷为书记、黄昌谷与张天才为庶务，议决为筹备科学图书馆筹款、筹办科学研究会等。北京社友会于 1919 年冬由金邦正发起成立，选举蔡元培为理事长，陆费执、梅贻琦为文牍及会计，宗旨为辅助社务发展，研究学术，促进社友交际。1923 年 10 月，上海社友会成立，同年总社理事会议决定在上海筹备设立理化研究所。此时南京已经是社务中心，不仅有永久社所和图书馆，而且还建立了生物研究所。

中国科学社充满自信地走上了蓬勃发展的道路，社员数量的持续扩张就是一个标志。从 1922 年到 1923 年 10 月，新入社社员达 105 人，其中不少人是当时或后来中国科学界的精英人物，如黄际遇、丁嗣贤、曾昭抡、纪育沣、陈桢、熊庆来、赵石民、张东荪、曾省、王家楫、寿振黄、董时进、陶孟和、孙宗彭、柳诒徵、李济、张乃燕、陈焕镛、何炳松、严济慈、朱其清、何育杰、方子卫、庄长恭、翁文灏、马君武、张景钺、查谦、何尚平等，另外还有美国人推士(George Ransom Twiss)、吴伟士(C. W. Woodworth)等。1924—1925 年新入社社员达 70 余名，其中有叶良辅、马寅初、林文庆、李书田、袁同礼、潘光旦、吴有训、萨本栋、吴贻芳、谢玉铭、张江树、祁天锡等。上述人员中，曾昭抡、陈桢、王家楫、陶孟和、柳诒徵、李济、严济慈、庄长恭、翁文灏、张景钺、马寅初、吴有训、萨本栋等占得首届中央研究院 81 个院士席位中的 13 席。

随着事业的逐步发展，中国科学社的社会影响力也不断上升，尤以该社关于英美庚子退款用途的宣言最具说服力。中国科学社指出，英美庚子退款在中国所办事业必须是中国最根本最急需的、能为中国谋求学术独立的永久文化基础、能增进全世界人类之幸福的事业。按此原则，中国科学社认为资助事业可以分为三个方面：一是纯粹研究，设立大规模研究所及津贴已有成绩之研究所，津贴各公私大学之研究设施，派遣已成材学者留学；二是辅助研究及普及知识，设立图书馆和各种类型的博物馆，如自然哲学博物馆、自然历史博物馆、工业博物馆等；三是沟通国际文化，在英美知名大学设立中国文学哲学讲座，交换中外学者，在中国有名大学设立外国留学生名额等。①

第二次庚子退款由专门成立的中华教育文化基金董事会(简称中基会)负责管理。1924 年 7 月 16 日,由任鸿隽起草的《中国科学社对庚款用途之宣言》以单行本印发。该宣言发布后引起了强烈的社会反响。此宣言代表了民间学术团体的声音,时任社长丁文江以及与中国科学社有着极深渊源的胡适皆出任中基会董事,任鸿隽也很快成为中基会的行政主管,这些安排使中国科学社有条件实现其宗旨。在发布宣言的同时,中国科学社的领导层已经秘密筹划如何使中国科学社更充分地获得该款项的资助。② 他们的努力终于有了回报,在 1925 年中基会发布的第一次补助计划中,生物研究所获得了为期 3 年、每年 1.5 万元的资助,另一次性补助 0.5 万元,这些资助有力地支撑了生物研究所的发展。1938 年 12 月 2 日,曾任中基会总干事的周诒春在中基会所存之单行本上批注:"中基会之组织与此宣言所主张者大致符合。"③

在事业发展过程中,中国科学社不仅取得了国内学术社团的领导地位,在国际学术界也占有一席之地。1923 年,中国科学社被邀请参加第二届泛太平洋学术会议,最终因经费不足而放弃。1926 年 10 月,第三届泛太平洋学术会议在日本召开,中国科学社以学术领导的角色组织国内科学家赴会,被选为中国学术代表。1926 年 8 月,中国科学社派张景钺出席国际植物学会。1928 年爪哇政府致函中国科学社,邀请该社组织中国科学家参加 1929 年在爪哇举行的第四届泛太平洋学术会议。中国科学社"以吾国中央研究院业已成立,足以代表吾国",呈请中央研究院筹备。大学院复函,"以中央研究院组织尚未完竣",仍请中国科学社负责筹备。中国科学社乃召集学术团体及专家开会讨论,遴选与会代表及论文。因为"事关国际学术会议,发扬吾国文化,实匪浅鲜",时任中国科学社社长竺可桢致函中央研究院,要求补助代表旅费 1 万元。中央研究院"以发扬吾国文化之进步,以提高吾国国际之地位",请求国民政府

① 《中国科学社对庚款用途之宣言》,载《科学》,1924 年第 9 卷第 8 期,第 868—871 页。

② 1924 年 5 月 25 日、7 月 9 日任鸿隽致胡适,5 月 26 日、6 月 16 日杨铨致胡适,载《胡适来往书信选》,中华书局,1983 年版,第 251—255 页。

③ 赵慧芝:《任鸿隽年谱》,载《中国科技史料》,1988 年第 4 期,第 37—48 页。

拨款支持,国民政府同意了这一请求。[①] 但后来财政部并没有拨付旅费,乃由中研院垫付 5 000 元,其余由各团体自行解决。中国科学社正是以这种不断上升的态势进入其事业发展的鼎盛时期。

随着科学事业的发展,中国科学社觉得南京成贤街文德里社所的房屋不敷应用,在 1928 年 2 月决定在上海法租界亚尔培路购入房地三亩余,作为总社所及建筑图书馆之用。1928 年 4 月,中国科学社呈准国民政府财政部,将南京成贤街社所及其大门外之官地永远拨归中国科学社使用。1928 年冬添购南京社所附近空地十余亩,为扩充生物研究所之用。1929 年 4 月上海图书馆开始建筑,并于 1930 年建成,同时在南京成贤街社所旧址建设生物研究所实验室,并作为生物研究所的永久基址。[②]

三、中国科学社与南京现代科学的发轫

中国科学社的科学事业,在 1915 年 10 月通过的社章中就拟订了九条,在 1923 年又略加修改,其内容如下:(一) 刊行杂志,以传播科学,提倡研究;(二) 译著科学书籍;(三) 编订科学名词;(四) 设立图书馆;(五) 设立各研究所,施行科学上之实验,以求学术、实业与公益事业之进步;(六) 设立博物馆,搜集学术上、工业上、历史上以及自然界动植物诸标本,供陈列研究之用;(七) 举行科学讲演以普及科学知识;(八) 组织科学旅行研究团,为实地之科学调查与研究;(九) 受公私机关之委托,研究及解决关于科学上的问题。[③]

上述九条,其内容在当时来说相当丰富、相当广泛。中国科学社的广大社员同心协力,努力把它付诸实践,取得了很大的成就,其对南京现代科学的发轫更是为人称道。现概略分述如下:

---

① 《中央研究院呈国民政府文(1928 年 12 月 3 日)》,载《国家图书馆藏国立中央研究院史料丛编》之《国立中央研究院十七年度总报告》,中华书局 2008 年版,第 259—260 页。

② 《中国科学社概况》,载《科学》,1931 年第 20 卷第 10 期,第 811—818 页。

③ 任鸿隽:《中国科学社之过去及将来》,载樊洪业、张久春选编:《科学救国之梦——任鸿隽文存》,上海科技教育出版社 2002 年版,第 287 页。

1. 科学普及

中国科学社主要是通过出版《科学》杂志、《科学画报》、《论文专刊》、《科学丛书》、《科学译丛》等书刊实现其科学传播宗旨的。其中,中国科学社在南京发展期间的科学传播活动可以归纳为继续刊行《科学》杂志、创办《中国科学社生物研究所丛刊》和发行《中国科学社论文专刊》三个方面。

(1) 继续刊行《科学》杂志

当年,《科学》杂志发起的目的就是为了向祖国传播科学知识。其"缘起"说道:"今试执途人而问以欧美各邦声名文物之盛何由致乎?答者不待再思,必曰此食科学之赐也……同人等负笈此邦,于今世所谓科学者,庶几日知所亡,不敢自谓有获。顾尝退而自思,吾人所朝夕诵习以为庸常而无奇者,有为吾国学子所未尝习见者乎?其科学发明之效用于寻常事物而影响于国计民生者,有为吾父老昆季所欲闻知者乎?……诚不知其力之不副,则相约为科学杂志之作,月刊一册以饷国人,专以阐发科学精义及其效用为主,而一切政治玄谈之作勿得阑入焉……"[①]这种"专以阐发科学精义及其效用"的思想,在《科学》第1卷第1期的《例言》里,有了更具体的表述:(一)"以传播世界最新科学知识为职志",但也结合我国科学程度,不求好高骛远,"每一题目皆源本卑近,详细解释,使读者由浅入深,渐得科学上智识,而既具高等专门以上智识者,亦得取材他山,以资参考";(二)"求真致用两方面当同时并重",反对"玄谈",而主张对科学原理的探索,同时对"工械"、"技艺"之类也给予一定的地位;(三)内容包括:通论,物质科学及其应用,自然科学及其应用,历史传记,以及美术音乐等;(四)特设"问答一门",作为"交换智识"的园地。[②]

《科学》杂志是中国近现代科学史上科学普及的最强音。从创刊的年代看,它是我国科学工作者有组织有意识地介绍现代科学知识的最早杂志之一。从内容上看,其广博宏富是同时期和其后相当一段时间内的同类刊物所不能相比的。它不但大量地介绍了西方最新的科学研究成

① 任鸿隽:《中国科学社社史简述》,载《中国科技史料》,1983年第1期,第2—13页。

② 《例言》,载《科学》,1915年第1卷第1期,第1—6页。

果和科学发展趋势，而且也为中国科学工作者提供了发表研究论文的广阔场地。19世纪末、20世纪初，数学、物理学、化学、天文学、地理学、生物学、医学及其他学科上的重大发现，技术科学上的重大发明，诸如伦琴射线、镭的放射性、原子结构学说、量子力学、相对论，以及电子管、无线电技术等，《科学》杂志基本上都对它们做了详略不等的介绍和评述。《科学》杂志的最初撰稿人差不多都是科学社社员，尤其是科学社的几个发起者，像任鸿隽、胡明复、赵元任、杨铨等人，开头几卷几乎每期都会出现他们的名字。

《科学》杂志的办刊风格使得它的读者群比较固定。它的订户主要是国内所有中等以上的学校、图书馆、学术机关、职业团体，销路大约3 000份。从1915年到1950年的35年间，《科学》杂志共出版32卷，刊载论文3 000余篇，计2 000余万字。这一成就在中国近现代科学研究与传播史上有着重要的意义，以致著名科学史家李约瑟曾将其与美国的*Science*、英国的*Nature*并称为Science ABC。[①] 这本中国近代发行时间最长、内容最为丰富的科技学术期刊，是中国科普史上的第一座丰碑。

（2）创办《中国科学社生物研究所丛刊》

为了传播科学，提倡研究，中国科学社生物研究所于1925年由所长秉志创办了《中国科学社生物研究所丛刊》(*Contributions from the Biological Laboratory of the Science Society of China*)。该刊是当时国内最早的以发表原始调查报告和研究论文的外文版生物学学术期刊，以西文为正文，附中文摘要。从创刊至1929年，动植物学论文合刊，共出5卷，每卷5号。从1930年第6卷起分动物(Zoological series)和植物(Botanical series)两组出版，每组每卷不限于5号，动物学部分出10号为1卷。到1942年停刊时，动物组发行了16卷，112篇论文，植物组发行了12卷，100多篇论文，总共发表论文200余篇。《丛刊》以发表分类学、形态学论文为主，但也刊发过遗传学、生理学、营养学等方面的论文。该刊所发表的许多论文，在国内有关学科研究中具有里程碑性质。如第1卷第1号刊发的陈桢《金鱼之变异》一文，是我国学者最早发表的动物

① 任鸿隽：《中国科学社社史简述》，载《中国科技史料》，1983年第1期，第2—13页。

遗传学方面的研究论文；1926年刊发的张景钺《蕨类组织之研究》一文，是我国学者独立发表的第一篇关于植物形态学的研究论文；1927年第3卷第1号刊发的钱崇澍《安徽黄山植物之初步观察》一文，是我国学者发表的首篇关于植物生态学和地植物学的研究论文；1930年植物组第6卷第1期上发表的戴芳澜《三角枫上白粉菌之一新种》一文，是中国真菌学研究工作的第一项成果；1925年4号上发表的秉志《江豚骨骼之初步观察》、1926年第2卷第5号上发表的胡先骕《中国东南部森林植物之观察》等论文，均不同凡响，意义深远。[①] 秉志善于奖掖青年，《丛刊》为初入研究之门的青年生物学工作者提供了难得的机会，许多后来成名的生物学家的第一篇研究论文，大多是在该《丛刊》上发表的，如原生动物学家王家楫、鱼类学家伍献文与张春霖、两栖爬行动物学家张孟闻等。[②]

学术期刊是研究机构向外展示研究成果的重要媒介，科研成果通过期刊公之于世，为科学界所了解，成为全世界的共享知识。生物研究所的领导人秉志、胡先骕对此有深刻的认识，《丛刊》的创办为所内外研究人员提供了发表成果和开展学术讨论的平台，从创办起就十分注重学术成果的质量，极力提倡精品意识，不轻易发表不成熟的成果，不盲目追求学术成果的数量。胡先骕曾说："甚愿吾国出版界，少发表未成熟之著作，以免开吾国学术界浅薄之风气。"[③]正是因为具有这样的"把关人"，《丛刊》对学术交流起到了很好的推动作用，与国内外800多个学术机构建立了期刊交换关系。从此"世界各国已无不知道有这样一个研究所"。由于遵循了严格的学术操守，生物研究所的声誉日隆，国内的社会团体和知名人士纷纷解囊相助，中华教育基金会为这个研究所的拨款从每年的15 000元增加到40 000元。研究所出色的成绩最终也吸引了许多优秀的生物学研究人员加盟，从最初的四五人增加到鼎盛时期的正式职员

① 薛攀皋：《中国科学社生物研究所——中国最早的生物学研究机构》，载《中国科技史料》，1992年第2期，第47—57页。

② 钱迎倩，王亚辉：《20世纪中国学术大典·生物学》，福建教育出版社2004年版，第637—638页。

③ 胡先骕：《留学问题与吾国高等教育之方针》，载《东方杂志》，1925年第22卷第9期，第19页。

30人左右，研究客员近20人。总而言之，《丛刊》的出版与研究所的发展形成了良性的互动关系。

（3）发行《中国科学社论文专刊》

中国科学社除了继续出版《科学》杂志外，自1922年起汇集年会论文，并用西文发行《中国科学社论文专刊》（*The transaction of the Science Society of China*），构建了中国科学界与世界科学界融合的通道。

2. 创立科研机构，集成科研群体

中国科学社原计划设立生物研究所、理化研究所和工业研究所。但限于经费、设备等原因，只创办了生物研究所。该社称："本社对于将来科学皆有待于研究，其所以先开办生物研究所者，则以生物研究因地取材收效较易，仪器设备需费亦廉，故敢先其易举，非意必轩轾也。"[①]

1922年8月18日，中国科学社生物研究所正式成立，并在南京成贤街文德里举行开幕式，"名贤毕集，一时称盛"。开幕式由科学社社员、北京大学生物学教授谭仲逵主持，秉志发表讲话，科学社社员、著名学者梁启超作了题为《生物学在学术界之位置》的报告，江苏省长韩国钧、省财政厅长严家炽、省昆虫局长吴伟士、东南大学校长郭秉文等名流到会。

生物研究所成立时，大家共推秉志主持。下设动物部、植物部，分别由秉志、胡先骕负责。以中国科学社在成贤街文德里的总社南楼楼上各室略为修葺，辟为研究室。1923年又辟南楼楼下为陈列室，对外开放。中国科学社总社及其图书馆迁往上海后，文德里的全部房舍归生物研究所使用，这时该所拥有二幢各为两层的研究实验楼，研究工作条件更臻完善。[②]

随着研究工作的进一步开展，研究用房捉襟见肘。1930年由中国科学社和中华教育文化基金董事会各出资2万元，在原址西侧空地上建筑了一幢两层的钢筋水泥新楼，上下凡36室。1931年新楼落成，"研究之须有精微设备若组织学、生理学、实验胚胎学等，以新厦光线充足，温

---

① 《中国科学社概况》，载《科学》，1931年第20卷第10期，第811—818页。

② 张孟闻：《中国科学社略史》，载《文史资料选辑》第92辑，中华书局1984年版，第70—83页。

度适宜,亦俱能如指度,惬意以从事。研究学术既无所纷烦于措备,成效遂日以显著。”[①]

生物研究所创建者们筚路蓝缕的艰苦创业精神今天读来仍让人动容。当时该所研究人员大多由东南大学生物系的教师兼任,他们课余到所里工作,“皆不支薪”。研究工作所需要的参考图书资料严重短缺,大家主动以“私盐”补充“官盐”,秉志、胡先骕、陈桢等“各出所藏书储诸所中……蓄以公众览。本所之有图书室,此盖为其嚆矢。”此外,“东南大学主政者又惠许资借仪器药物,始稍具规模”(1928年春东南大学改组时,“旧时执事者多离去,旧借东南大学书物全部璧还”)。[②]

(1) 开展系统的现代生物学研究

该所在筹建时曾设想其“研究课题,动物学从形体入手,以达分类、生态、生理、遗传等要门,植物学以采集国内高等植物标本,研究植物生理学、细胞学、胚胎学入手,渐及于菌学、细菌学、植物育种学等”[③]。这个设想没有完全实现。例如,随着陈桢离所到北平工作,遗传学的研究停顿了;植物生理学、植物细胞学、植物育种学和细菌学的研究没有进行。

1933年,该所在庆祝建所十周年时,提出了“未来的展图”,包括四方面的工作。一是“中华产物种类之调查”,“先尽江浙闽赣诸省,循江以西至云贵川康之域,沿海上下,抵登莱琼粤之涯,然后捆载归来”。二是“模式生物之形体研究”,“各门动植物应有人善为董理,举其模式,详为解剖,加以图释,不仅以明物体构造之详细,抑且示范后学”。三是“生理生态之探究与实验”,对生物“先明其结构,次当致力于生理,考其饮食、生殖之宜,然后乃能知其治生谋存之道”。“生理生态之研究,不仅有益于民生国计,抑且大有助于祛病健身也。”四是“京(南京)沪博物馆之扩建”。[④] 生物研究所后来基本上按此“展图”开展工作。但是由于日本军国主义者发动大规模的侵华战事,“展图”的实施受到了很大的影响。

---

① 《中国科学社生物研究所概况——第一次十年报告》,中国科学公司,1933年。

② 《中国科学社生物研究所概况——第一次十年报告》,中国科学公司,1933年。

③ 《本社最近之状况》,载《科学》,1922年第7卷第4期,第404—405页。

④ 《中国科学社生物研究所概况——第一次十年报告》,中国科学公司,1933年。

(2) 培养造就了一大批生物学人才

生物研究所从 1922 年成立到 1928 年前是国内唯一的生物学研究机构,一枝独秀。1928 年以后其他生物学研究机构相继成立。中国现代许多著名的生物学家都曾经在生物研究所接受正规的科学训练,并开始他们的生物学研究生涯,如原生动物学家王家楫、倪达书,鱼类学家张春霖,兽类学家何锡瑞,两栖爬行动物学家张孟闻,组织胚胎学家崔之兰,生理学家张宗汉,生物化学家、营养学家郑集,植物学家耿以礼、方文培,林学家郑万钧、吴仲伦等。

在该所做过专职研究人员的,还有鸟类学家常麟定,生理学家孙宗彭,昆虫学家曾省、苗久棚,原生动物学家戴力生,甲壳动物学家喻兆琦,鱼类学家伍献文、方炳文、王以康,寄生虫学家徐锡藩,植物分类学家裴鉴、孙雄才,藻类学家王志稼,植物学家汪振儒、杨衔晋,植物生态学家曲仲湘等。他们在生物研究所均接受过正规的科学训练,有些人在离开研究所后,还到所里兼职当"研究客员"。

还有一些人虽然只在所里当过"研究客员",但同样受到该所的培养和严格训练,如神经组织学家欧阳翥,生理学家吴功贤、吴襄,细胞学家徐凤早,无脊椎动物学家陈义,胚胎学家、鸟类学家王希成,鸟类学家傅桐生,解剖学家李赋京,植物形态学家严楚江,蕨类学家秦仁昌,苔藓学家陈邦杰,植物病理学家沈其益,浮游生物学家朱树屏等。

蔡元培曾经说过:"在中国当代的著名生物学家中,十有九个以这样或那样的方式与这个研究所发生联系。"①

(3) 扶持其他生物学研究机构

生物学研究所虽然最早成立,但从不以老大自居。他们一开始"即以促进文化努力学术自励,凡可效劳靡不尽力";"凡可以效益于社会者,无不致力以赴之","故历年以来,所以扶翼各机关者颇瘁心力"。许多晚成立的生物学研究机构,都得到过它的真诚帮助。

北平的静生生物调查所是尚志学会和中华教育文化基金董事会为纪念范源濂(静生)共同捐资于 1928 年创办的。但具体的组建却是由生

① 蔡元培:《中国的中央研究院与科学研究事业》,载《中国季刊》(英文),1936 年 3 月。

物研究所“操办”的。正如秉志所说：“静生生物调查所之倡立，此间实为其筹措规划，执事人多为前时本所之职员，不啻为此间的新枝。最近以两者关系密切，缔约相结，已为骈盟之集团矣。”静生生物调查所也仿效生物研究所下设动物部和植物部。该所的第二任所长胡先骕、研究骨干如张春霖等都是生物所输送去的。

国立中央研究院自然历史博物馆筹建于1928年(40年代初分为动物、植物两个研究所)。该馆也是按生物所的模式建立起来的，生物所为其输送了一批研究人员。两个单位“相与之功尤逾寻常，书物标本互为交惠，采集研治常相合作。今日该馆技术专家尽是前时本所之研究人员也”。

重庆之中国西部科学院、河南省之博物馆，“属于生物学之工作程序”，也都是由生物研究所“为之策划”。中国西部科学院是由实业家卢作孚于1930年创办的。1931年该院成立生物研究所时，中国科学社生物研究所在该所的规划、研究组织设置、研究技术人员培养等方面做了大量工作，“所奉献者，当犹昔日于静生生物调查所与自然历史博物馆也”。

该所于1950年并入中国科学院水生生物研究所。

3. 推动了南京近现代高等教育的发展

中国自1862年设立京师同文馆以来，新式高等教育一直发展缓慢，其中一个主要原因是缺乏师资。清末，为数不多的高等学校中，总教习一职往往由外国人担任，自然科学各专业的教师大多数也来自国外。20世纪初，留学归来的科学家们大多在国外接受过系统的科学训练。这种专业背景和学习经历使他们具备了在高等学校任职的资格和条件。另外，旧中国由于实业凋敝、经济不振，高等学校教职很自然地就成为科学家回国后的首选岗位。

当时，在国内有一定声誉的南京高等师范学校和金陵大学吸引了许多中国科学社社员加盟，南京高等师范学校更是被称为“中国科学社的早期大本营”。1918年，在南京各高等学校供职的中国科学社社员有30人，其中在南京高等师范学校的就有16人。1920年，南京高等师范学校改组为东南大学。1921年，东南大学的职员达75人，教员达102人，其中有教授55人，外籍教授3人，教授中的大多数是中国科学社社员。这主要归功于时任校长郭秉文。身为中国科学社社员和南高校长，他积极为刚迁回国内的中国科学社提供临时社所，又为南高师广延名师，促成归国社员来校任教。在他任职期间，供职于南高、东大的著名教授济济一堂[①]：

文科：刘经庶（伯明）、汤用彤、陈衡哲、杨杏佛、陆志韦、凌冰、朱君毅、王伯沆、顾实、柳诒徵（翼谋）、蒋竹庄（维乔）、钱基博、陈中凡、吴梅（瞿安）、王易、张士一、楼光来、吴宓、梅光迪、林天兰、李玛利。

理科：任鸿隽、胡刚复、熊正理、竺可桢、孙洪芬、张准、熊庆来、王琎。

教育：陶行知、陈鹤琴、郑宗海（晓沧）、廖世承、徐则陵（养秋）、程其保、孟宪承、汪懋祖。

农科：邹秉文、秉志、胡先骕、陈桢、陈焕庸。

工科：茅以升、涂羽卿、沈祖玮。

商科：李道南、沈兰清、胡明复、陈长桐、潘序伦、瞿季刚、孙本文、林振彬。

体育：卢颂恩、张信孚。

客座教授：麦克乐（Mc Clog, Giangue）、赛珍珠（Pearl Buck）、Neprud Winters。

其中，理科、工科、农科教授几乎都是中国科学社社员，文科的汤用彤、陈衡哲、杨杏佛、陆志韦、凌冰、柳诒徵、梅光迪，教育科的陶行知、陈鹤琴、郑宗海、廖世承、程其保，商科的胡明复、孙本文，也都是中国科学社社员。任鸿隽、杨杏佛、胡明复、秉志是中国科学社的发起人，任鸿隽、竺可桢、王琎曾担任中国科学社社长，任鸿隽曾经担任东南大学副校长。中国科学社为南高、东大的发展提供了难得的人才保障。南高、东大与中国科学社情同兄弟，密切合作，彼此间在教学水平的提高、研究工作的开展，以及科学人才的训练和培养等诸多方面，相互促进、相互补充。

首先，南高、东大首倡大学男女同校。1919 年 12 月 7 日，陶行知正式在南京高等师范学校校务会议上提出《规定女子旁听法案》，获得郭秉文、杨杏佛等人的支持，校务会议一致决定自 1920 年暑假后正式招收女

① 南京大学校史编写组：《南京大学史》，南京大学出版社，1992 年版，第 52 页。

生。几乎与此同时,北京大学校长蔡元培于1920年元旦谈话时表示北大可招收女生,南北辉映。消息一出,举国震惊,闻讯前来报考南高师的女生达100余人。经过严格考试,最后录取了8名女生,50余位女生获准旁听。南高师为"开放女禁之始,在全国亦属前列"。

其次,对学科建设的促进。南高师改"教授法"为"教学法",采用选科制,改良教育学科,倡导教育学科学化,成效显著。以农学为例,1917年9月,应当时南高教务长郭秉文之邀,邹秉文到南高担任农科主任。他征得郭秉文的同意,即拟定了一项包括教学、研究和推广三者相结合的教学方针,其目的是提高南高农科的先进性和完备性,把教学研究成果及时推广应用。他引进现代大学农科的办学模式,要求教师在授课以外,一律对其专业进行深入的研究与试验,研究成果及时向农民推广。[①]学生在校要利用两个暑假进行专业实习,用实践验证所学理论知识,毕业后以其所学付诸实用。南高农科创设之初,农业试验基地仅有成贤街农场一处,经他努力,农事试验场不断扩充。南高农科改组为东南大学农科之时,农事试验场总面积已达4 000亩。南高农科刚成立时,教授只有邹秉文、原颂周2人。随着中国科学社社员郑集、秦仁昌、戴芳澜等人的纷纷加盟,农科的教师队伍逐渐壮大。这些社员大多留学欧美,受过名师指点,掌握丰富的生物学知识,积累了一定的工作经验和科研能力,培养出了伍献文、金善宝、冯泽芳、寿振黄、严楚江等一大批优秀的学生。

东南大学生物系与中国科学社生物研究所其实是"两块牌子,一套班子"。秉志于1920年回国后即在南高师农业专修科第二班讲授普通动物学。他一改以往的模式教学法,别开生面地依据胚胎、体腔的真假以及进化原理,将各类动物贯穿起来讲授,颇具启发性。该班一共19个学生,转向于学习动物学的将近半数之多,影响之大,可见一斑。他在南高师仅二三年时间,就从无到有建立了一个生物系,学生人数达到80多人。[②] 胡先骕、钱崇澍等任职于中国科学社生物研究所,同为南高、东大

---

① 恽宝润:《农学家邹秉文》,《文史资料选辑》第88辑,文史资料出版社,1983年版,第183页。

② 伍献文:《秉志教授传略》,《中国科技史料》,1986年第1期,第16—18页。王家楫:《回忆业师秉志》,《中国科技史料》,1986年第1期,第18页。

生物学教授，他们注重引进西方的生物学知识和教学管理办法，推进了南高、东大生物学的发展。东南大学生物系一时成为中国生物学研究中心。

南高、东大地学的发展与竺可桢、谢家荣等密不可分。1920 年，竺可桢受聘于南高师，在文史地部教授气象学，同时在理化部讲授微积分，在农科讲授农科地质学等。东南大学成立后，他倡议设立地学系，并被聘为地学系主任。东大的地学系包括地理、气象、地质、矿物等专业，是一个新型系。他亲自讲授地学通论、气象学、世界气候、世界地理等课程。他重视并组织课外实习和考察。1923 年 3 月，在他的主持下，直属中央观象台的北极阁测候所划归南高管理，供气象学的学生实习使用。与此同时，他积极开展地学研究工作。① 1924 年，谢家荣受聘于东南大学，讲授普通地质学。他与徐韦曼合著的《地质学》是中国学者自编的第一本地质学教科书。在诸位名师的熏陶下，南高、东大造就了中国地理、气象方面的一批著名科学家，如胡焕庸、张其昀、吕炯等。

此外，在理科、工科等学科领域，南高、东大也培养了许多杰出人才，如吴有训、严济慈等。吴有训(1897—1977)，字正之，江西高安人。1916 年入南京高等师范学校理化科，在胡刚复的影响下开始接触物理学前沿的知识。严济慈(1901—1996)，字慕光，号岸佛，浙江东阳人。1918 年考入南京高等师范学校学习商业专修科，一年后转工业专修科，再一年转数理化部，专攻数学和物理，成绩十分优异。1923 年，毕业于东南大学物理系，获理学士学位，是东南大学第一届唯一的毕业生。两人后来都成为著名科学家、中国现代科学的奠基人。

四、中国科学社对南京的眷眷之情

1928 年，中国科学社迁入上海新社所，转以上海为发展中心。中国科学社的同仁对相伴 12 载的南京抱有深深的感情，他们以科学的精神来表达这份情感。中国科学社于 1932 年出版了《科学的南京》，其中收集了竺可桢的《南京之气候》、秉志的《南京之自然史略》、谢家荣的《钟山

---

① 南京大学校史编写组：《南京大学史》，南京大学出版社，1992 年版，第 52—53 页。

地质及其与南京市井水供给之关系》、赵亚曾的《南京栖霞山石灰岩之地质时代》、张春霖的《南京鱼类之调查》、林刚的《南京木本植物名录》、张更的《雨花台之石子》、赵元任的《南京音系》、张其昀的《南京之地理环境》等系列论文，以科学的方法系统研究了南京的地理环境、气候、地质、动植物、矿物、方言等。这些论著至今仍有重要的参考价值。正如王琎在序文中指出："自国民政府定都南京以来，从事建设，不遗余力，全国视线复集中于金陵。惟关心于斯土之自然环境之性质者，如欲知其地质之构造，水石之成分，动植之分布，气候之变迁诸事实，则苦记录之缺乏，欲参考而无由，此岂非大憾事者哉。科学社同人，不乏久居南京从事于教育实业者，间有本其对于该地自然科学各现象之研究，著写论文，登载于历年来本社所出版之《科学》，其中不无有价值之作，或供留心建设者之参考。"

顾金亮

2014 年 6 月谨记于金陵科技学院

《科学的南京》序

金陵为吾国旧都，素以名胜著。记载之书殊多，其常见者，率皆夸美风景，详叙古迹，陈说沿革；或则如《秣陵集》[①]者，杂以诗歌，以舒怀感，大概皆文学之作，而与科学无与也。自国民政府定都南京以来，从事建设，不遗余力，全国视线复集中于金陵。惟关心于斯土之自然环境之性质者，如欲知其地质之构造，水石之成分，动植之分布，气候之变迁诸事实，则苦记录之缺乏，欲参考而无由，此岂非大憾事哉！科学社同人，不乏久居南京从事于教育实业者，间有本其对于该地自然科学各现象之研究，著写论文，登载于历年来本社所出版之《科学》，其中不无有价值之作，或供留心建设者之参考。惟因其散见于各期中，以致读者批阅，殊感不易，本社编辑同人有鉴于此，爰仿前岁编《科学通论》及《科学名人传》之成例，取《科学》杂志中有关于南京之文字汇为一编，更特别征求数文，以补其不足，成一小册，名之曰《科学的南京》。吾人深望此书之出，不但可供研究新都者之参考，且可引起国人研究本国科学之兴味，盖吾国地大物博，随时随地，皆有可研究之资料。惟因注意乏人，遂使此种智识，

① 记述南京历代名胜的诗文集，又名《金陵历代名胜志》。陈文述撰。6 卷，附 2 卷。陈文述(1771—1843)，字退庵，号云伯，浙江钱塘(今浙江杭州)人。清嘉庆五年(1800)举人。历任江都、昭文、全椒等地知县。嘉庆二十四年(1819)秋，陈氏因公在金陵羁留月余，作题咏历代名胜之诗 300 余篇，并对名胜之缘起、遗址、史迹、所涉人物等略加注释和考证，按年代排列编集。因金陵古称秣陵，故名《秣陵集》。书前附有《金陵历代纪年事表》、《秣陵图考》各 1 卷。年表起于东汉建安二年(197)孙策受封吴侯，终于清顺治二年(1645)南明弘光政权结束。另配图 14 幅，绘春秋至清代金陵舆地形势，每图均论其城建置、方位、规模等。——校者注

深感缺乏，有时反须求之外人所著之书籍，可耻孰甚！虽然，科学记载，最贵新确，本编所载，多数年前所观察与讨论，衡诸最近所见，或须有补充与纠正之处，此则有待于异日续编之出也。是为序。

民国二十一年一月　王琎　谨志

目　　录

南京之地理环境　张其昀 …… 1

南京之气候　竺可桢 …… 36

南京音系　赵元任 …… 52

钟山地质及其与南京市井水供给之关系　谢家荣 …… 75

南京之饮水问题　王　琎 …… 85

雨花台之石子　张　更 …… 93

汤山附近地质报告　张　更 …… 108

南京栖霞山石灰岩之地质时代　赵亚曾 …… 122

江苏西南部之火山遗迹及玄武岩流之分布　董　常 …… 136

江苏凤凰山铁矿之化学成分　王　琎 …… 143

南京鱼类之调查　张春霖 …… 149

南京木本植物名录　林　刚 …… 160

南京自然史略　秉　志(于星海述) …… 179

南京之地理环境

张其昀[①]

导言

昔总理论首都之地理形势，以为有高山有平原有深水，三种天工合于一处，在世界各大都会中，实最为难得云。总理之言，乃就其大者而言之，则首都地形，甚为繁复：大江之外，又有长河；高山之外，又有丘陵；平原之外，又有湖泊。此种种地形，对于首都之建设事业，有种种方面之影响。

金陵为中国之古都，又为中国之新都。但今日首都之地理环境，与古代相比较，已有若干之变迁。举其尤显著者，如秦淮河之南门大桥，六朝时称为朱雀桥，后世称为镇淮桥，久为都市生活之重心所在；其在历史上之地位，殆与英国泰晤士河之伦敦桥相似。六朝时，朱雀桥长九十步，广六丈，冬夏随水高下。自晋至陈，每有战事，则撤秦淮浮航。当时艨艟巨舰，衔尾而行，惊涛奔浪，弥渺可想；以今相况，殊觉不侔。现代秦淮河深广之度，既不足以应新式航业之需要，故镇淮桥已处于无足重轻之地位。此其一也。诸葛武侯为首先主张金陵建都之人，其论江表形势，以钟山与石头等量齐观。石头城即在清凉山，此

---

① 张其昀(1900—1985)，字晓峰，浙江宁波鄞县人。著名地理学家、历史学家和教育家，1923年毕业于南京高等师范学校。曾任浙江大学文学院院长兼史地系主任。1949年去台湾，历任国民党总裁办公室秘书组主任、国民党中央宣传部长、国民党改造委员会委员兼秘书长、"教育部"部长、国民党八至十一届中央常务委员、"总统府"资政等职。曾创办"中国文化大学"，完善了台湾高等教育体系，被台湾学界誉称"博士之父"。著有《本国地理》、《政治地理学》、《中华五千年史》等。——校者注

可见古时清凉山之重要。盖自六朝以至唐宋，秦淮河出今西水关即入大江，而清凉山峭立于江畔，极为险要；江左有变，必先固守石头，元明以后，江流变迁，出水西门至江东门，十余里间，淤为陆地。自是清凉山失其军事上之价值，其在商业上之价值，亦复失去。古时长江船舶过金陵者，必在清凉山麓上岸，至南宋时犹然。及长江北迁之后，于是有上下二关之勃兴，明代二关并重，上关尤号繁盛。至近三十年来，下关商业发达，上关（即上新河）之名遂为所掩，总理之实业计划，以为下关决无发展之希望，主张筑新商港于上下二关之间。以区区一隅之地，援古证今，已不胜有炎凉隔世之感。地理学者，所以研究天然环境与人类生活之相互的与变迁的关系，故观察古来地理环境之演化情形，及其如何影响于人生者，自为人文地理学所应为之事。况以金陵建都之悠久，文献之足征，综合论究，当为一极有兴味之题材。兹拟让于专篇著作，本篇不能详述，仅于导言中稍发其凡，旨在说明天工与人事，殆无日不在演化之中而已。

现代文明各国之国都，几乎无一不大。如日本之东京以火车站（东京驿）为中心，画一半径十英里之圆周，则包括其内之人口，共计三百三十八万人（1925 年统计），是谓大东京。又如英国伦敦之人口为四百六十八万人，若连附郭人口计之，则增至七百九十万人，（1926 年统计）是谓大伦敦。最近三十年来大伦敦之扩张主要原因有二：一为清水之供给，伦敦有世界最大之蓄水池，使七百万居民皆得享用澄清之水，而无匮乏之虞。一为交通之电化与新铁道之建筑，使附郭居民其距离市中心在二三十英里之远者，均得迅速来往，极为便利。是以住宅区域，渐向郊外推广，市中心一带成为官署银行旅馆荟萃之区，而造成大伦敦之规模。[①]试就电车一项言之，伦敦有电车路二百五十英里，其车站有六百之多。日本东京亦有电车路二百英里，尚觉拥挤，最近

① 《大不列颠区域地理志》(*Great Britian, Essays in Regional Geography*)页 61 至 64。此书由二十六人合撰，剑桥大学丛书之一，1928 年出版。

新筑地下电车路五条，共长五十英里，已于1928年春竣工。[1] 横滨为东京之外港，相距十八英里，比自南京下关至栖霞山（十五英里）路程尚远，但因其间有铁道，有汽车路，有电车路二条，几使东京横滨合而为一。人文地理学认定人类之能力，应与地球本身之能力，相提并论。观于现代大都会繁华富庶之状，即可见人类适应环境之程度矣。我国之首都，以鼓楼冈为其天然中心，试以鼓楼为中心点，依其远近，作三圆周，其最近者，以雨花台为终点，作一半径三英里之圆周，是为过去之南京城厢。其次以长江东岸之大胜关为终点，作一半径八英里之圆周，在陆上大致与明代之外郭城平行，在长江方面则包有江心洲与八卦洲，现在江苏省与首都市划界结果，即在此圆周之界内。其较远者，以秦淮河上流之秣陵关为终点，作一半径十五英里之圆周，如是则首都附近名胜之地，如汤山、栖霞山、龙潭、宝华山、方山、牛首山等，在历史上与金陵有联带之关系者，亦尽入范围之中，可以称为大首都。大首都之理想，由世界眼光观之，当然有实现之希望。盖我国首都之形势，兼具日本东京横滨之所长，而与英国之伦敦同其伟大。首都之港口实较上海为优，首都奠定之后，我国之铁路网与航路网均将以此为辐射之枢轴。所以首都不仅为全国之政治中心与文化中心，又将成为远东之海运中心经济中心。首都之区域，过去在第一圆周，现在暂定为第二圆周，将来终当发展以达于第三圆周。此种宏远之规模，完成之期，需有数十年之经营，其期限之修短，则视乎首都水电交通等之设备而后定。本篇所述之首都市区，仍以目下之首都市区为限（附图1）。

首都市之区域，依民国十九年一月省市划界之结果，东北自乌龙山东麓起，南行经杨梅塘、薛家冲至姚坊门，依土城根（即明代外城）经仙鹤门、麒麟门，折向西南行，经沧波门、高桥门，达上坊门，循秦淮河向西，经麻田桥、铁心桥、西善桥、格子桥，循运粮河至大胜关，括江心洲依江心划分，折向西北，过江至浦口，沿旧浦口商埠界线，入江包括八卦洲，以江心为界，稍折东南，与乌龙山合（附图2）。

---

① 《世界贸易年鉴》(*Glimpses of the East*)《东京篇》，日本邮船会社编辑，1929年版。

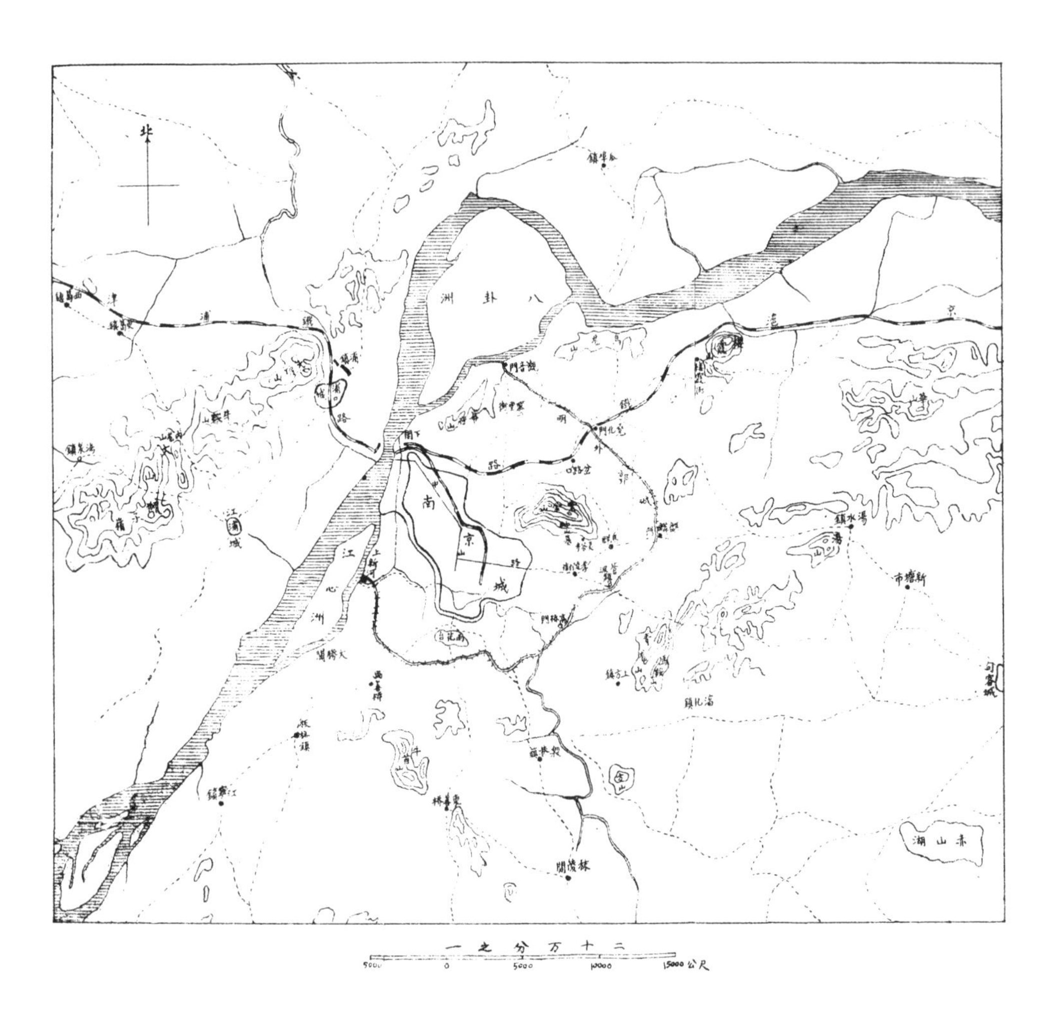

第一图　首都附近地图

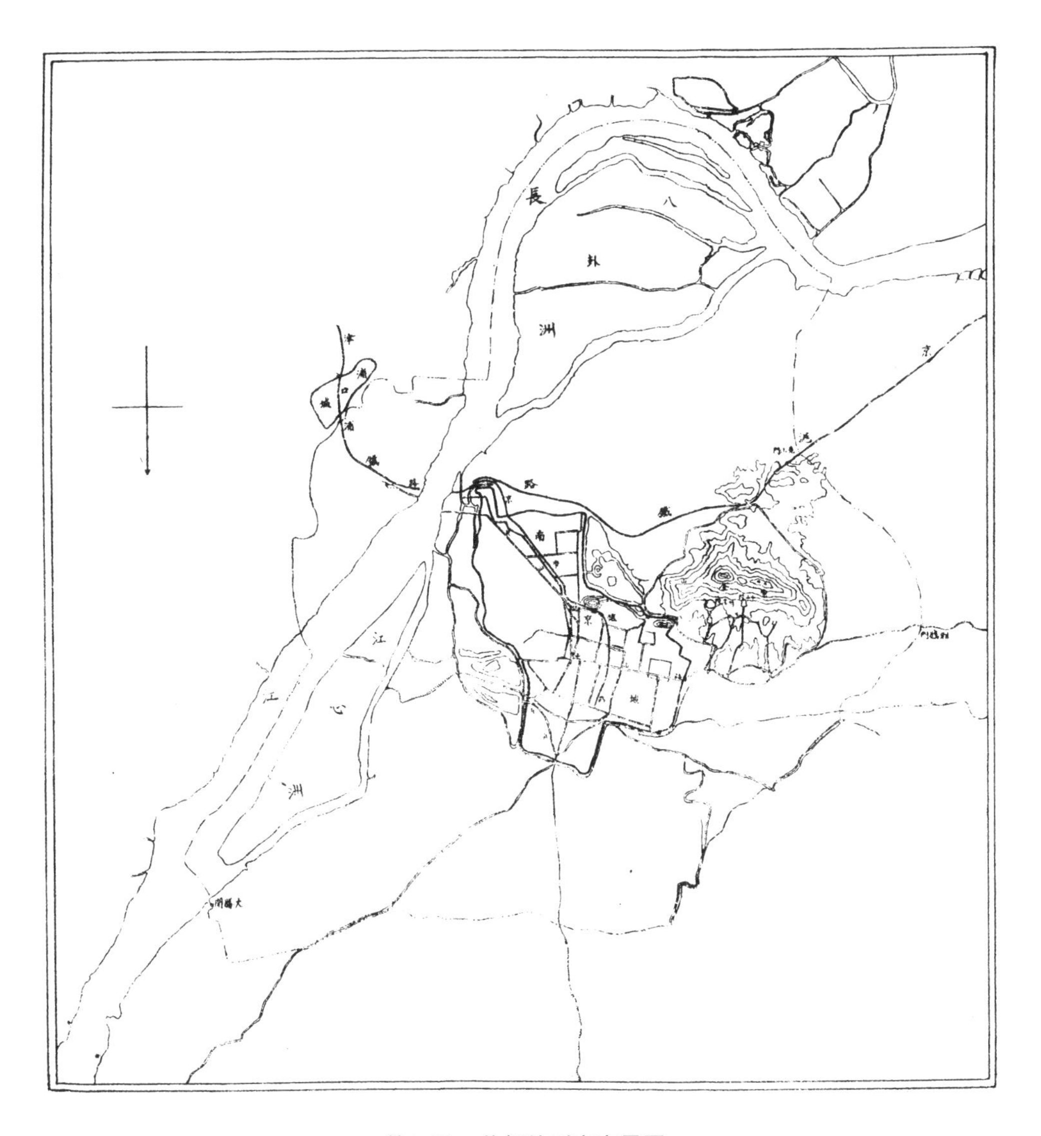

第二图　首都特别市市界图

一　长江

首都之位置，在长江南岸，由此顺流而下，至镇江六十五英里，至上海吴淞口二百二十英里；自首都溯江而上，至芜湖五十英里，至汉口三百七十英里。首都附近江水深度，由五十英尺至一百六十英尺，江面之宽度超过一英里，其最狭之处亦有五分之三英里，即三千五百英尺。江水甚深，故水面平稳，暴风来时可以驶避；江水甚宽，足以供海轮之迴航而有余。就港口而论，首都有上海之优点而无其缺点，新式大洋轮船，吃水之深达四十英尺，上海之黄浦江仅可航行吃水二十四英尺之轮船，且黄浦江泥沙淤积，每年均须加以疏浚；至首都港口，则世界最大之轮船均可行驶，又无泥沙淤积之弊也。

芜湖为长江下游之起点，海潮澎湃，直达芜湖而止，故首都一昼夜间有两次之潮汐。若在江水盛涨之秋，海潮效力尚微，水面增高不及一尺；其在冬季水落之际，每日涨潮时，水面增高自二尺至三尺有半。凡在江水盛涨之秋，虽有潮汐，江水仍向东流；其在水落之季，江水上溯西流，至一小时至一小时半；以致停泊之船，随而转移。夏季下流之速度，每小时自两海里至三海里之率，其在冬季，则每小时减至一海里半至两海里。[①]

长江在京沪铁道码头附近，江幅最狭，称为下关浦口间窄路，自此岸达彼岸，仅得五分之三英里。惟在下关窄路之上下游，因有二大沙洲横亘于江中，江幅大为开展。在下关上游曰江心洲，在下关下游曰八卦洲；八卦洲长八英里，最广处五英里；江心洲长八英里，最广处二英里，江心、八卦二洲与首都外郭之间，称为夹江，其外则为长江正流，夹江狭而外江宽，外江可航巨舰，夹江可泊货船，各有用途。江心洲俗名梅子洲，其与首都外郭间之夹江，称为大胜关水道，此水道宽约一千二百英尺，小轮、民船及竹木排等可以行驶。八卦洲俗名草鞋洲，其与首都外郭间之夹江，称为草鞋峡，此峡仅为民船往来之道。

---

① 据《中华民国海军部水道图》之《扬子江镇江至南京分图》图说，民国十二年海关海政局发行。

大胜关为本市西南江边之起点，有运粮河东至西善桥，现为本市天然界线。其地为南京历来航运孔道，长江上游货物，大都由此折入内河，转运入城。自大胜关沿夹江直下，约四英里至上新河，又五英里至下关。上新河在江东门外（江东门为明代外郭城城门之一），距水西门四英里，其地为著名木材市场，湖南、江西诸省之木材，皆以此为入口要道。上新河对面之江心洲绵亘二十余里，势若长堤，足资掩护，木筏无漂流之虞。草鞋峡水道之重要市集，曰燕子矶，在观音门外（观音门亦明代外郭城城门之一），距下关约六英里。燕子矶之渔税，与上新河之木材税、江心洲之柴税，为大宗收入。鱼之著名者为鲥鱼，此鱼由海中游入，其入江有一定时期，南京捕鲥鱼渔户，皆住于草鞋峡附近。江心洲面积约三万余亩，八卦洲面积约十万亩，二洲在夏秋之间，芦苇森高，十一月间始行收获，供城内居民燃料之用，八卦洲近拟筑堤开垦，春秋可种小麦，秋季可种黄豆。至江心洲依总理之计划，预定为工商业区域之一部。燕子矶之西有幕府山，其东有乌龙山，俯临长江，皆设有炮台。乌龙山即本市东北江边之终点（附图三、四、五）。

下关在兴中门外秦淮河口，即明之龙江关。明永乐、宣德年间，遣郑和七下西洋，起程于龙江关，即此。现在下关商埠，南至三汊河，北抵宝塔桥迤北，相距约三英里。三汊河以南之地，称为宝船滩，即郑和造船之地。昔鸦片战争，清廷议和代表由城内赴下关，即自水西门上船，当时官舫商船，皆经此路。秦淮河自水西门至下关一段，长六英里。南京以咸丰八年（1858）英法天津和约开为商埠，事实上至光绪二十五年（1899）始行开放。南京商埠限于下关江干一带，未尝兼及城内。光绪三十四年（1908）京沪铁道竣工，民国元年（1912）津浦铁道竣工，京沪铁道以下关为终点，对岸浦口为津浦铁道之终点，由是南京成为南北交通之枢纽。下关、浦口间，有公渡为南北旅客过江之用，汽船渡江约十五分钟。

下关街市区域甚狭窄，四围皆低地，近年江岸倒坍之事，常有所闻，总理实业计划，关于发展首都商港之计划，尝提议削去下关全市，而建筑新商港于梅子洲与南京外郭之间（即三汊河以南宝船滩一带之地），并在长江下流凿一隧道以通浦口。其言曰："浦口、下关间窄处，时时以河流

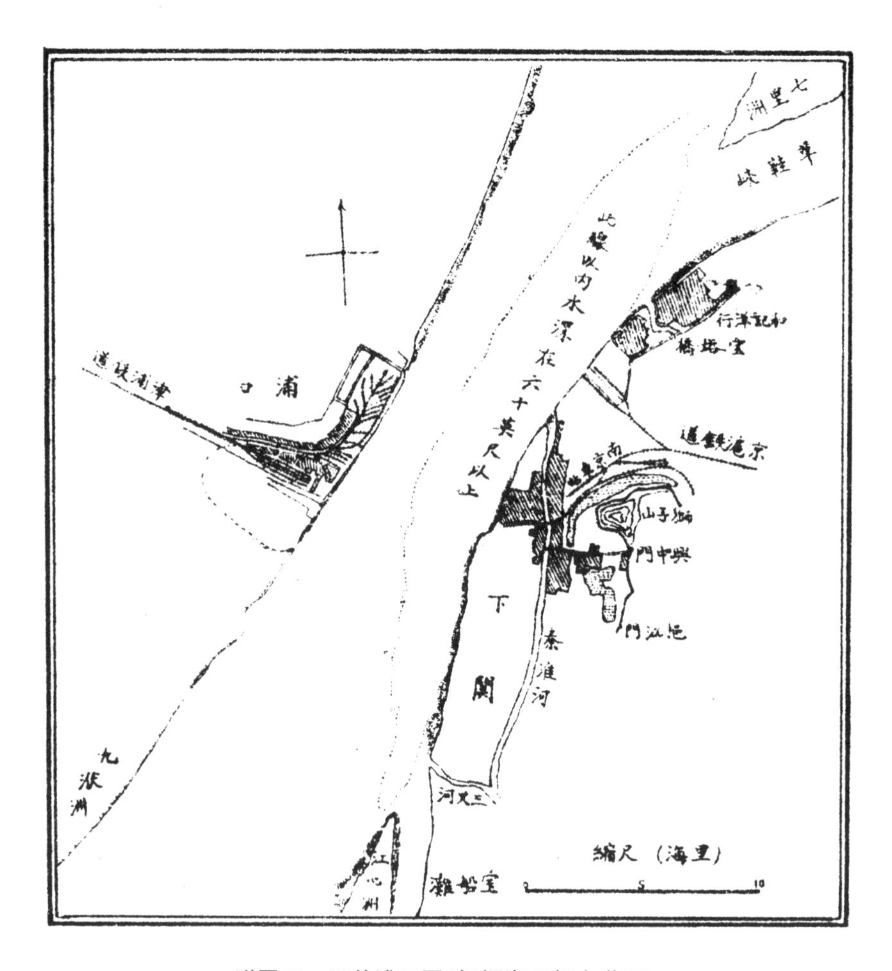

附图三　下关浦口图（根据海军部水道图）

过急、河底过深之故而崩陷，斯则显然为此部分河道太窄，不足以容长江洪流通过也，然则非易以广路不可矣。为此之故，必以下关全市为牲牺，而容河流直洗狮子山脚，然后此处河流有一英里之阔。”“南京浦口间窄路下游之水道，应循其最短线路，沿幕府山脚以至乌龙山脚，其绕过八卦洲后面之干流，应行填塞，俾水流直下无滞。”“梅子洲上游支流，应行闭塞，另割该洲外面一部，使本流河幅足用。”又曰：“南京码头当移至梅子洲与南京外郭之间，而梅子洲支流水道（即大胜关水道）自应闭塞，如是则可以成一泊船坞，以容航洋巨舶。此处比之下关，离南京住宅区域更近。而在此计划之泊船坞与南京城间旷地，又可以新设一工商业总汇之区，大于下关数倍，即在梅子洲，当商业兴隆之后，亦能成为城市用地，且为商业总汇之区。此城市界内界外之土地，当以现在价格，收为国有，以备南京将来之发展。”“南京对岸之浦口，将来为大计划中长江以北一切铁路之大终点。所以当建市之时，同时在长江之下穿一隧道，以铁路联结此双联之市，决非燥急之计。如此则上海、北平间直通之车，立可见矣。”①

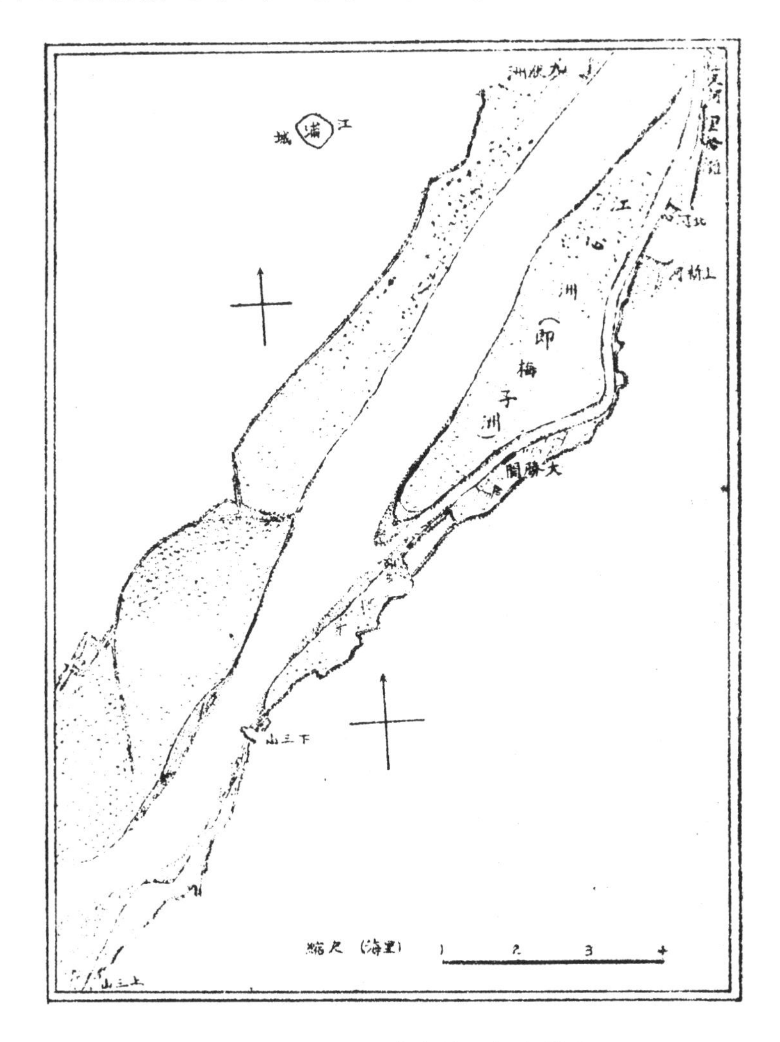

附图四　江心洲图（根据海军部水道图）

① 《建国方略·实业计划》页38，39，47，48，民国十一年民智书局出版。《梅子洲实业计划书》中朱执信君译作米子洲，兹据海军部水道图改正。

附图五　八卦洲图(根据海军部水道图)

现在首都之中山马路,已通至下关三汊河北岸,国都设计处以为工业区域将来须在三汊河南部发展。如首都电厂与首都自来水厂均已勘定梅子洲夹江东岸为厂址,与总理主张相符合。现在下关工厂甚少,除英商和记洋行外,惟大同面粉厂规模较大。和记洋行(International Export Co)在下关宝塔桥,占地五百亩,工人五千,专办鸡卵肉类输出外国。大同面粉厂在下关三汊河,估地五十亩,一面滨江,一面临河,起卸货物甚为便利，所制面粉销行于本京及江苏、安徽各埠。目前首都电厂亦位于下关，下关电厂虽在江滨，而该处水流甚急，永久江岸线尚未规定，不足以资发展。近闻建设委员会已择定夹江东岸，另建新厂，以为永久之计。发电厂必需用多量之水与煤，故冷水之供给与运输之便利，实为审定厂址之最要条件。又工厂煤烟，随风下散，有碍卫生，故厂址所在固不宜迫近城市，尤须位于通常风向之下方，南京风向以东、东北及北三者为常，工厂自以偏于西南为妙，如以夹江东岸为工业区，城中当无黑烟缭绕不快之感。首都最著名之缎业，至今尚为手工工业，将来电力充足时，即可如杭缎之改用电机。

首都之饮水问题，为生活上至严重之问题。本市居民饮料，向赖江水、井水二种，江水价昂，输送不便，井水浑浊，有碍健康。至市民日常用水，均取自浅井及池塘，水质成分极劣，水量亦常苦不足，一遇火警，尤感困难。自建都以后，水荒现象，较前更显。近首都市政府已勘定北河口附近为自来水厂址（北河口在旱西门外夹江东岸），清凉山为蓄水池厂址，水源则取之于长江，经过沉淀及沙滤等手续，以期适合卫生。水管自北河口至清凉山，长约二英里，清凉山高度一百八十尺，在清凉山上建一水塔，水量即由此处分布于各街巷，以供人民之需要。① 又南京向以丝织著名，但因水质不宜于漂染彩色之故，织品只能限于玄色，不及杭缎之华丽夺目。缎业以外，如制糖、酿酒、化学诸工业，亦需多量纯洁之水，故自来水之筹办，对于首都工业之发展，实有深切之关系。

南京、浦口间之长江大桥，久有是议，惟以需费浩繁，未能见诸事实。近由专门家研究，拟采用火车渡船之办法，即盖长江江面，阔而且深，两岸土质，又欠坚固，殊不适于架桥，至于建筑隧道，亦以江水过深，甚或深至一百六十五英尺，故大部分地方均不适宜。据海军部水道图所载，只有水西门西之江心洲，可筑一隧道，该隧道之建筑，工程浩大，需款颇巨。目前欲图联络南北客货之运输，实以火车渡船最为便利。其设置之法，

---

① 金肇祖《南京特别市自来水筹备概况》，载于首都市政《公报》第四十三、四十四期，十八年九月。

须在江之两岸，各置码头一座，以资该渡船之停泊。凡长江两岸之火车，皆可直接互通，不必更换车辆，至于火车渡船，宜以钢制成，并用汽船为之拖驶。约计其值，制造码头两座，钢船一艘，拖船一艘，不过三百万元耳。[①]

现在津浦铁路之轮船码头，地处下关堤岸之北隅，颇感不便，将来长江渡口，应改设于中山马路之西端。其渡口上下十余里间，皆可成为繁盛之工商业区域。据国都设计处南京商港之计划，以为码头长度一英尺足供一百吨重货船之用，则约计南京出入口货额，非有码头五万英尺不能足用，计下关自京沪路至三汊河之南端，可设置码头三万七千英尺（约六英里），不足之数可在浦口设置。浦口位于津浦铁路之终点，将来复有火车渡船，与江南铁路之联络，而轮舶往来，又称便利，且现在地广人稀，未臻繁盛，倘能及时利用，可以辟为重大而含有危险性质之工业区，以辅助首都之发达。近人胡庶华曾有浦口钢铁厂之计划，大旨为首都风景计，劳工生活计及原料来路计，主张设钢铁厂于浦口。盖江苏、安徽、山东诸省之铁矿与煤矿，或沿津浦，或泛大江，均系半日以内可以达到之地。又浦口距海较远，一旦对外战事发生，不若龙华、高昌庙之危险，今于浦口上游五六里购地万亩，设一大钢铁厂，其势甚便。[②] 近代工业以冶铁炼钢为其基本，本厂成立以后，除影响于各种实业及交通事业外，又可供给兵工材料，以谋国防之独立。

国民政府定国都金陵，其意义至为丰富，而其第一重要之意义厥为国防问题，盖金陵之地理环境，在今后中国国防上实有重大之价值。英人科尼西博士著有《世界国都通考》一书，详究名都之历史，而得一共同之原理，即凡国都之地位，恒与敌人之方向针锋相对，且在第一道防线之内，所以然者，即不欲示弱与敌人。[③] 二十世纪之时代为太平洋之时代，太平洋上之霸权，操于英、日、美三大海军强国之手。金陵之形势，实针

① 《首都计划》页78，民国十八年十二月，国都设计技术专员办事处编印。

② 胡庶华《拟设浦口钢铁厂计划书》，载于《工程杂志》第三卷第三号，十七年四月。

③ 原名Dr. Cornish：*The Great Capitals an Historical Geography*，一九二二年伦敦出版。

对帝国主义进攻之方向，且在第一道防线（即海岸线）之内，总理欲定都于此，实欲表示我民族大无畏之精神者也。[1] 自中日之战以后，日本要求割让辽东半岛，其后俄租旅大，又转让于日本。当时外人已有迁都南京之推想，以为北洋之直布罗陀一失，中国北部已受重大之威胁，不如移往旧日都城之南京，尚可奋发自强。[2] 舟山群岛控制长江入口之处，可为海军舰队之根据地，长江沿岸如吴淞、江阴、镇江等处，均可设置炮台，紫金山屹立城之东北，高达一千四百英尺，若于山巅建设炮台，尤具高屋建瓴之势。乌龙山之下为八卦洲，或有建设军港之价值，美国费城（Philadephia）为美国独立时代国会所在地，现有人口二百万人，城在特拉瓦河（Delaware）沿岸，距海口八十八海里，以海港而论，居美国第三位，河中有岛曰联盟洲（League Island），为一海军根据地。我首都之八卦洲，是否适于军港之用，尚祈军事学家勘测之也。

二 秦淮河

秦淮河源远流长，与南京历史关系最深。秦淮河导源于赤湖山（在句容、溧水二县之间），绕方山之麓，经上坊门，至南京通济门外，分为二道，在城内复有多数支流，颇具完善之系统。内秦淮横贯城内南部，外秦淮环绕城垣东西南三部，名曰护城河。至水西门外，二流复合，其下流入长江处，又称为惠民河，上有惠民桥。城外护城河较城内秦淮河，特为宽阔，货物之运输多在城外。城内之秦淮河，水既不深，河面亦狭，加以沿岸居民，每将废物倾入，而靠河房屋，莫不侵占河岸，宽度深度历年减少。现在秦淮河底，因多年污物填塞，较之通济门外之外秦淮约高六尺有余。[3] 是以除夏秋二季极短时间外，船舶不克通行。城内人烟稠密之区，煤炭柴米，一切笨重物品之供给，均感莫大之困难。

城内秦淮河既不便于运输，且将来道路改良，货物运输亦无经由秦淮之必要，只须河水能保其清洁，又修饰两岸之风景，以期成为优美之游

① 张其昀《首都之国防上的价值》一文，中央大学《地理杂志》第一卷第二期，十七年九月。

② 此系中日战后德国外交界之言论，见王光祈译《三国干涉还辽秘闻》页十八。

③ 《南京特别市工务局年刊》，民国十七年。

玩区域，期已可矣。至城外之护城河，虽可通航，但每年当长江水落之季，该河亦水浅异常，不便运输，自非加以改良，不足增其效用。补救之法，或为设闸蓄水，或为浚深河床，俾终年航运无阻。沿护城河之地，多为公有，其地宜于建筑货仓之用。城外护城河与城内秦淮河连合之处，筑有水闸二所，一曰东水关，在通济门，一曰西水关，在水西门，二闸之功用原在保持城内秦淮河一定之水平高度，惟此二闸，设备简陋，亦须加以改造云。

秦淮河自东水关至西水关，长约十里，在城内有支流五，皆系人工开浚而成，分述于后：

(1) 运渎　在城西南隅，三国时所开，自秦淮北抵仓城(今朝天宫附近)，以通运粮之船。六朝时又引青溪之水，以济运渎。

(2) 青溪　青溪发源钟山，北通玄武湖，南入秦淮河，逶迤九曲，长十余里，亦三国时所开，一名东渠。盖六朝都城去秦淮颇远，故开运渎、青溪，以通舟楫。自南唐筑城，青溪始分为二，半在城外，半在城内。明筑宫城，又断青溪之上流，使居民不得畅沾水利，今其道久堙，青溪遗迹，唯存四象桥至淮青桥一段，淮水、青溪合流于桥下，故桥曰淮青。

(3) 北门桥河　北门桥河，即南唐之城濠。六朝时，秦淮河在城外，南唐改筑金陵，此六朝都城近南，贯淮水于城中。南唐都城为正方形，西踞石头(即今水西、旱西二门)，南接长干(即今中华门)，东达白下桥(即今大中桥)，北限玄武桥(即今北门桥)，桥所跨水，即昔所凿城濠也。其水大抵引城南秦淮、城东青溪诸水，合而成河。今北门桥所引西来之水已断，土人呼为干沿河。北门桥即当时之北门，大中桥即当时之东门也。

(4) 御河　御河明洪武初所开，在紫禁城午门外，自东而西，有桥五，曰外五龙桥，又引其支流于午门内，有桥毗连，曰内五龙桥，御河西至复成桥入南唐城濠。

(5) 小运河　明时于文德、利涉二桥间引渠南流，达于后仓。

南京城内之秦淮河，与运渎、青溪诸水相合，四面潆洄，形如玉带，故周围数十里间，商贾云集，最为繁盛(附图六)。

秦淮河之南门大桥，即六朝时之朱雀桥，南唐时镇淮桥乃秦淮河之

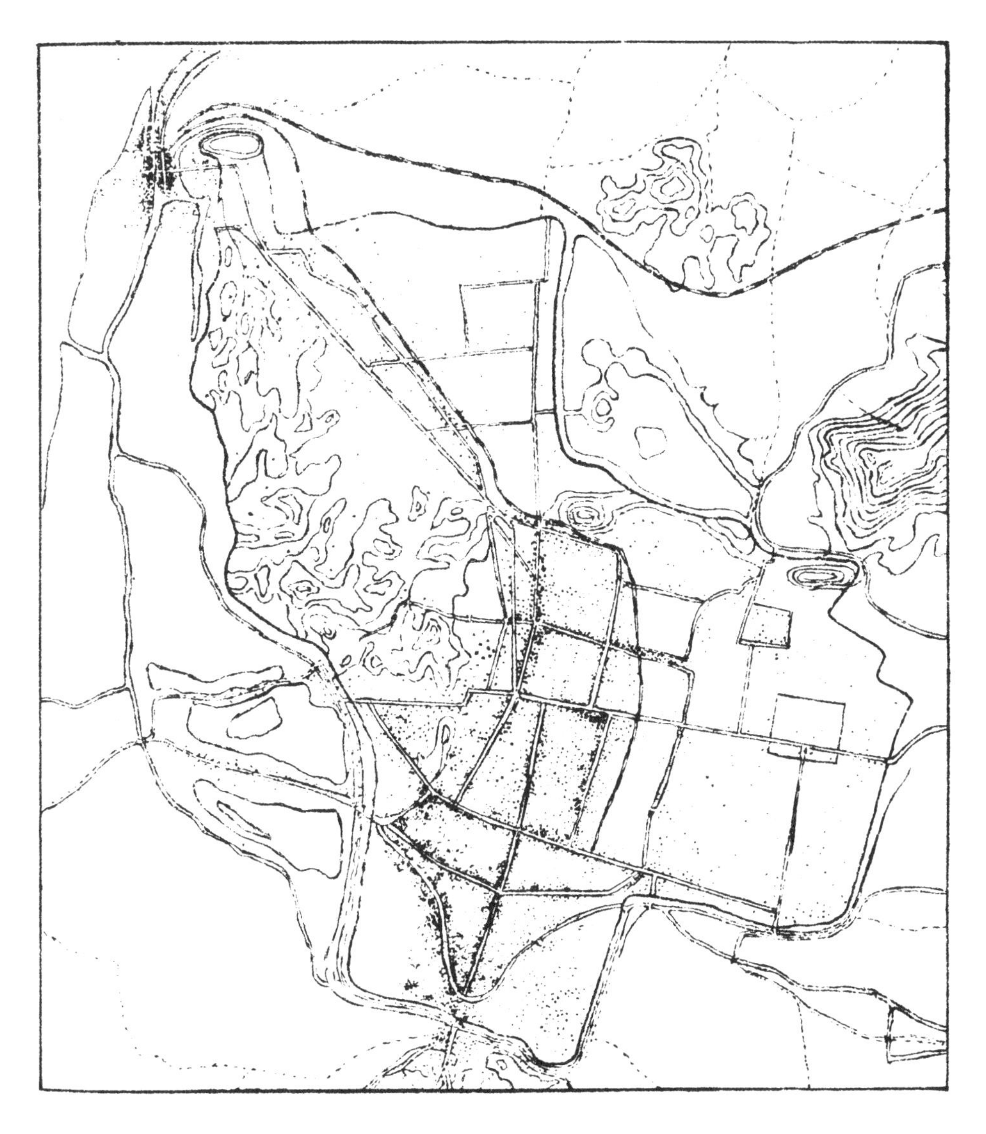

第六图　南京城内人口密度图(据首都计划一书)

第一桥。东晋咸康二年(西元336年),新立朱雀浮航,因河之北岸有朱雀门,故曰朱雀桥。当时都城正门曰宣阳门(在今中正街内桥),与朱雀桥相对,相去三里,为御街。南唐规模,远承六朝,惟浮航已改为桥梁,盖淮流渐狭矣。六朝时宣阳门故址,南唐时有天津桥,当运渎、青溪合流处。自天津桥南达镇淮桥,亦为御街,自宋以来,犹极崇闳。今之所谓大功街、三山街者，即六朝、南唐之御街，现在南京城内之大商店，仍在其间。南京商业，出口以绸缎为大宗，进口以布匹为大宗。南京各大布店，皆在大功坊、三山街、驴子市等热闹之地。其以南乡营业为主之中等布店，则设南门大街南头；以水西门外营业为主者，则设水西门大街西头；北乡商业，多集于北门桥、花牌楼二处；下关之布店，则在吸收下关及江北之顾客。南京米粮有本境米与外江米二种，本境米由秦淮河而来集于东水关；外江米由长江而来，集于西水关。大抵水西、旱西二门外之米行，以贩运外江米为主；通济门外之米行，以贩运本境米为主；南门外之米行则兼营此二者。

南京雨量，自四月初盛，至七月最盛。秦淮河上之船，亦以夏季为多，俗谓之热水市。清初小说家吴敬梓所述秦淮河一段有云："话说南京城里，每年四月半后，秦淮景致渐渐好了。那外江的船，都下掉了楼子，换上凉蓬，撑了进来。……到天色晚了，每船两盏明角灯，一来一往，映着河里，上下明亮。自文德桥至利涉桥东水关，夜夜笙歌不绝。"

此盖写实之文。秦淮风景自昔称盛，今大部已失旧观。仅大中桥以北一段，旧为城濠，两岸居民较稀，河畔多杨柳，尚属清境。现国都设计处，拟在秦淮河两岸建筑林阴大道，先拆除背河而居之房屋，拆至与河岸平行之一街道为止。其非背河而筑之房屋，在距河岸相当宽度以内者，亦应拆去。两岸既有相当宽度，即辟为林阴大道，其中铺草植树，恢复其昔日美丽之风景。[①] 据市政府所称，秦淮河宽度至少须有二十五公尺，深一丈。又北门桥河年久淤涸，断续至乌龙潭而绝，亦应开浚之，使达旱西门外秦淮而入大江。

三　城郭与街道

首都市之区域，大部分以明之外郭城为界。外郭城洪武二十三年（1390）所建，周围约一百二十里。今冈阜络绎，俗呼为土城头者即此。门有十六：东曰姚坊（即尧化）、仙鹤、麒麟、沧波、高桥，南曰上坊、夹冈、

① 《首都计划》页58。

凤台、大驯象、小驯象、大安德、小安德，西曰江东，北曰上元、佛宁、观音。外城之基，虽略有断续，然独存土堤，他日市政发达，可作环城马路基础。南京之西南乡，自上坊门至江东门一带，秦淮河流经其间，地势平坦，水道纵横，多膏腴之农田。东乡为钟山之山岳区域，北乡亦多山，凡地势高而不适种稻之地，几悉种桑，农家皆为蚕户。观音门与姚坊门一带，每至春夏之交，四野桑树，浓绿如油。南京乡间又多种玫瑰花，茶食店之制糕点，茶叶店之熏茶叶，需用甚广。玫瑰花之主要产地，在南乡凤台门一带，距南门约五里，其村镇之名，即曰花神庙。

伟大之南京城，大部分建于五百年前。明太祖洪武二年，始建都城，六年八月告成(1369—1373)，开十三门。唯聚宝(今曰中华门)、三山(水西)、石城(旱西)三门中间一段之城垣，系南唐旧址，距今已千余年(南唐城914年建)。自旧南唐东门处(即大中桥)沿秦淮河北增建南门二，曰通济，曰正阳(今曰光华门)。自正阳而北，建东门一，曰朝阳(今曰中山门)。自钟山之麓环绕而西，据龙广山(即富贵山)建北门曰太平(今曰自由门)，又西据覆舟山、鸡鸣山缘湖水以北，又建北门二，曰神策(今曰和平门)、金川。西北括狮子山于内，雉堞东西相向，建门二，曰钟阜、仪凤(今曰兴中门)。迤逦而南，建定淮、清凉二门，以接旧西门而周(附图7)。

南京城周围之长，旧称九十六里，其实只有六十一里，但其长度已为世界第一。南京城之高度，有在六十呎以上者，最低亦有二十呎，平均在四十呎以上。垣顶之阔，除一小段外，皆在二十五呎以外，最广处达四十呎，且已铺石为道。城以花岗石为基，巨砖为墙，又以石灰秫粥(高粱糊)锢其外，故任指一处击视之，皆作纯白色，是以崇垣屹立，历数百年巍然无恙。首都拆城之说，已经取消，盖用城砖而拆城，工费太巨，得不偿失。况苍茫古城，与湖光山色左右映带，登临凭眺，实有无限之美景。国都设计处已决定保存城垣，但示不令其为新建设之障碍，将来可添辟城门，展通衢于郊外，又按段设置城梯，以为升降之所。城门之上，则加阔为闳广之场，以供眺览。此古色斑斓之城垣，但须稍加修葺，便可成为世界最佳之驰道。至其历史上美术之价值，更不能以金钱计较者矣。

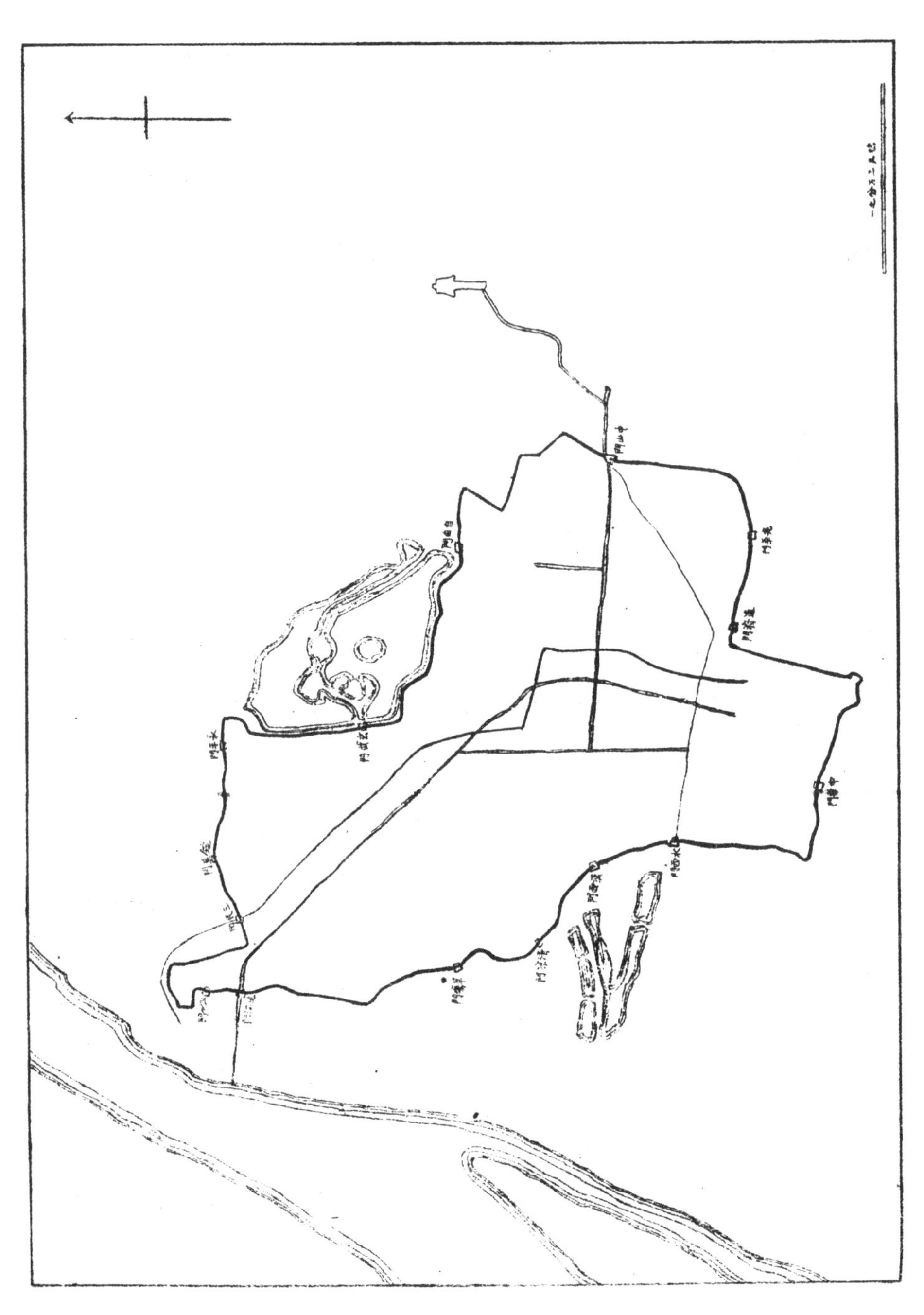

第七图　首都城郭图

近代战具日精，城垣已失其防御之功用，然因利乘便，利用之以为环城大道，则昔日所以限制交通者，适足为促进交通之助。近代之大都市，多筑有环城大道，其用意有二，一则市民来往，可不经城市中心，以免拥挤；一则行期匆促之旅客，可由此遍览全城，得一鸟瞰，以免虚绕路径，旷废时刻，此种大道，外国多架空建筑，以使驾车直驶，不致为横路之车辆所间断。顾架空筑路，需费浩繁，南京城垣，则一天然高架路也。试在城垣上驾车游玩，则全城景物及附近乡村之风景，与夫紫金山、扬子江之水光山色，将一一涌现于目前，此种游乐大道，实世界各国之所罕观。南京城自挹江门南行，经南门东至通济门，此段城面甚宽，几尽可筑为行驶两行汽车之道路；东部一带，城面宽度较狭，行驶两行汽车，尚不敷用，将来须加筑泥土，增其阔度，俾城垣全部均可行驶两行汽车。①

南京城内面积一百二十二方里，即十六方里。十九年一月份首都人口统计，男三十二万四千七百余，女二十一万四千七百余，合计五十三万九千余人。其分布甚不平均，大抵珠宝廊以南所谓城南之地，为古来秦淮市廛所在，商店民居，鳞次栉比；至鼓楼以北，大半荒芜，间有田园茅屋如村落而已。南京客民比土著为多，现在纯粹南京口音，在城南一带尚能独立保存，至城北一带之南京语，已有扬州化之倾向。② 兹就民国十七年十月首都人口调查，依其各区分布情形，列表如下：

区域	面积方里	男女总数	男子人数	女子人数	面积百分	人口百分	每方里人口	每人所占亩数	女子所占百分数
下关区	17.4	54 674	35 049	19 625	11.2	11.0	3 144	0.172	35.9
北　区	50.5	57 370	37 651	19 719	33.0	11.6	1 137	0.475	34.4
东　区	32.2	72 184	47 849	24 335	21.0	14.5	2 242	0.241	33.7
中　区	10.1	85 001	54 316	30 685	6.0	17.1	8 420	0.064 2	36.2
西　区	28.2	108 023	64 466	43 557	19.3	21.7	3 831	0.141	40.3
南　区	14.8	121 154	70 200	49 954	9.5	24.2	8 125	0.066 5	41.6
共　合	153.2	497 406	309 531	187 875	100	100	3 244	0.166 5	37.8

（一方里＝540 亩）

① 《首都计划》页 42。

② 赵元任《南京音系》一文，《科学》杂志第十三卷第八期，十八年三月。

表中各区，其间下关区系在城外，西南二区亦有一部分在城垣以外，故总面积增至一百五十三方里有奇。是年城内外人口总数为四十九万七千余，以南区为最稠密，其面积仅占总面积十分之一，而人口几占总人口四分之一。北区则适得其反，面积约占全城三分之一，而人口尚不到九分之一，但以此数与民国十一年南京人口调查相比较，则东区、北区、下关区人烟较稀之地，人口之百分比率均有增加，因此南区、西区、中区相形见绌，人口百分率均降低。盖自首都成立以后，人口突然增加十余万，城北荒凉之地逐渐开辟，城南城北人口密度一消一长之情形，遂显然可见。

	人口百分比率						人口总数
	下关区	北　区	东　区	中　区	西　区	南　区	
民国十一年	9.8	9.6	11.9	18.1	23.8	26.7	380 180
民国十七年	11.0	11.6	14.5	17.1	21.7	24.7	497 406

当中山马路建筑之时，其西段自鼓楼直达江边，沿路所经非高粱芦苇，即桑田竹园，枝叶繁茂，茫无际涯。但将来此段路线，不仅为本市交通之孔道，且为中国南北交通之枢纽(因火车轮渡拟设于中山路西端)，异日盛况，可以预想。又中山路东段、明故宫一带，当筑路之初，亦系竹树丛杂，黍苇横生，其情景与西段相似，今国民政府府址，拟定在明故宫旧址，则明初"天街车门"之景象(明代自午门至光华门称为天街)，亦不难重演于旧地(附图八、九)。

南京十三门，旧以聚宝、通济、水西、旱西四门为最重要，因秦淮河流经于四门内外故也。自聚宝门至内桥，称为大功坊、三山街，自通济门至水西门，称为黑廊大街。自通济门至旱西门，称为中正街、珠宝廊，皆商业繁盛之地。至于城北金川、钟阜、清凉、定淮四门，则虽设而常闭。清季下关开为商埠，自下关筑马路，经仪凤门至鼓楼，直达两江总督署(即今国民政府)。与马路平行者，又有宁省铁路，宣统元年(1909)路成，全长二十里。沪宁铁道(今日京沪铁道)，光绪三十四年(1908)竣工。沪宁铁道虽于神策门及太平门外各设分站，但总站则设于下关，故仪凤门为入城要道。南京之拆城自金川门始，宁省铁道由此入城。新辟城门，则

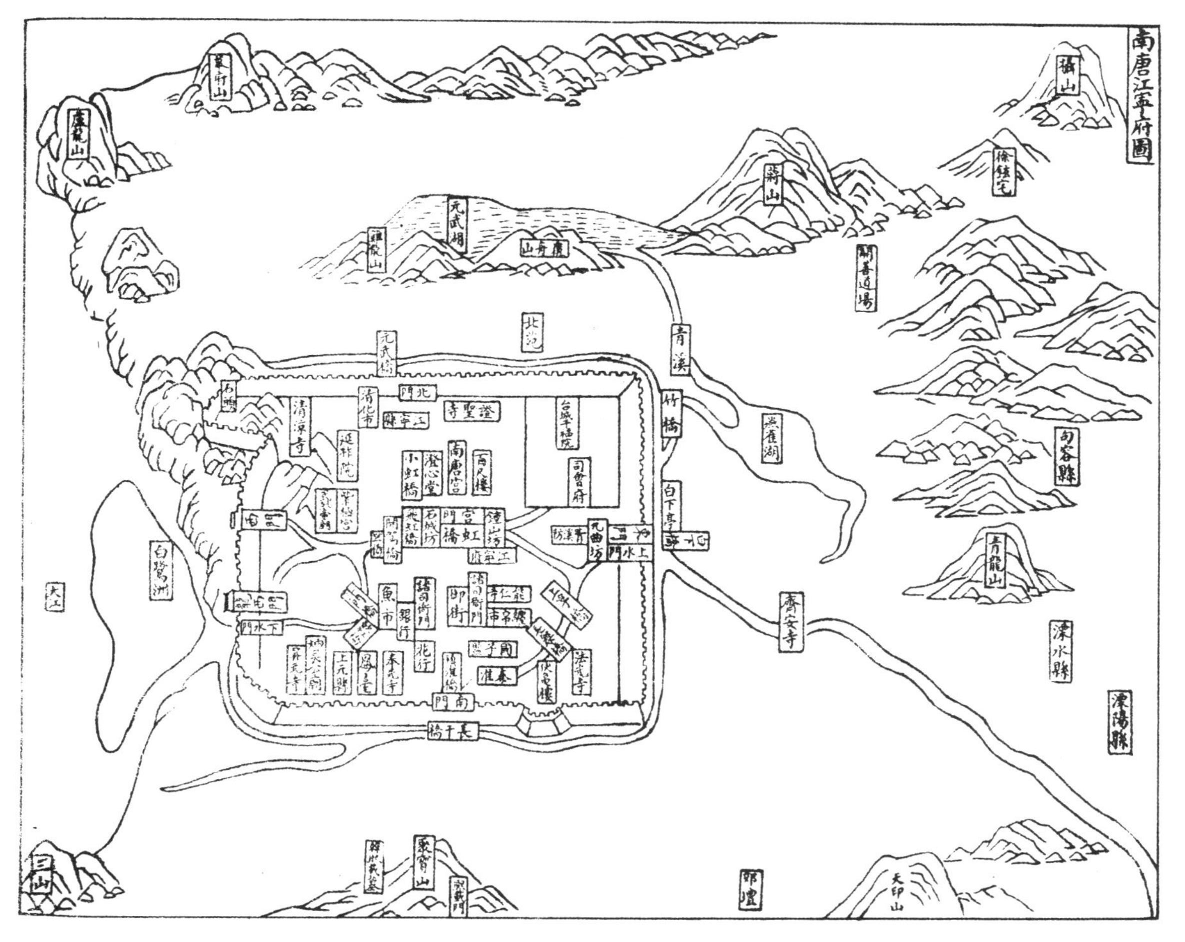

第八图 南唐都城图(据《金陵古今图考》)

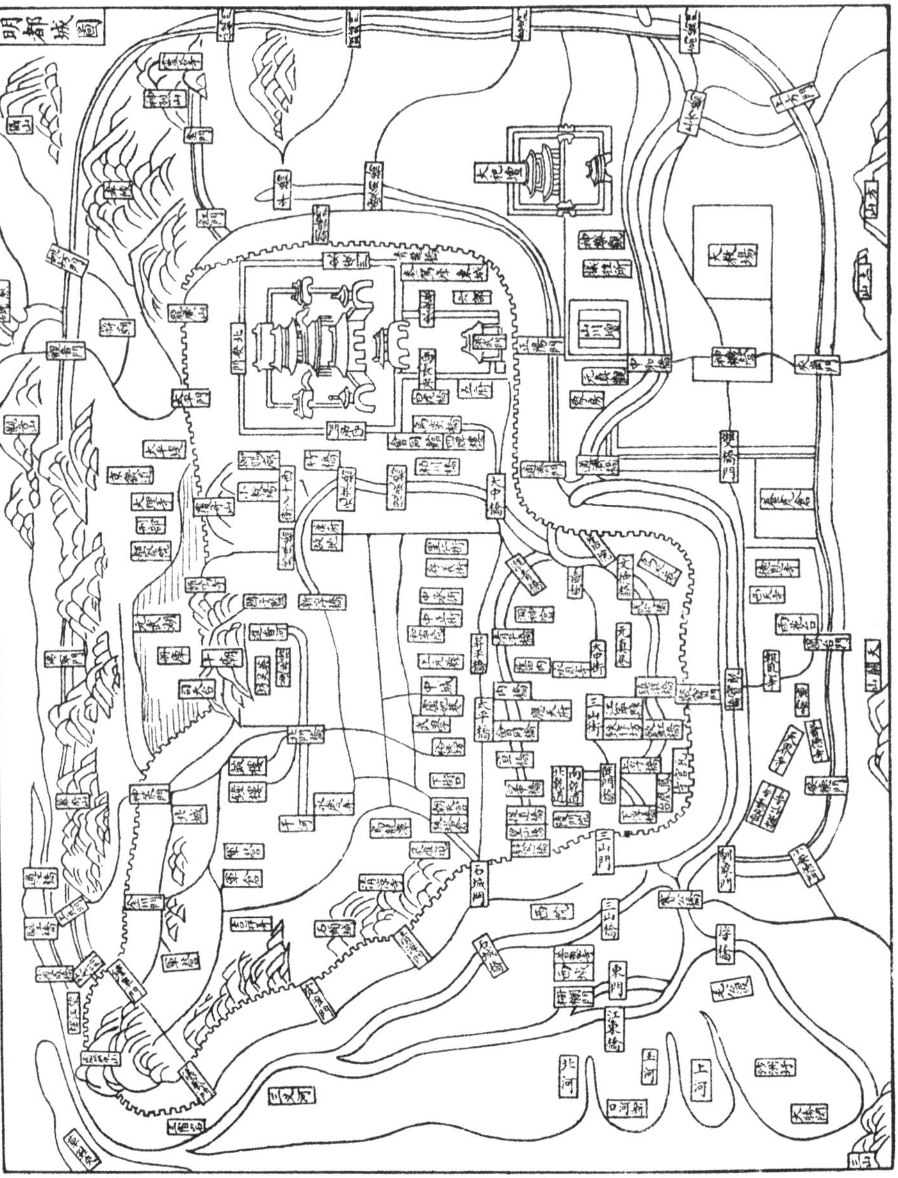

第九图　明都城图(据《金陵古今图考》)

始于丰润门(今曰玄武门),因清季发起南洋劝业会,故添辟一门,以通后湖。聚宝门宁俗谓之“站圈”,因乡间柴米牲畜由此入城,纷纷扰扰,不易通过,故有此名。清季尝有开辟小南门之议,以经费无着而止。仪凤门之南有海陵门(今曰挹江门),系民国以后所新辟,通下关江边,其城门较为狭隘,现在中山马路由此入城,复有拆除城垣之举。民国十七年九月,招工拆卸海陵门城垣四十五公尺(因中山大道宽四十公尺),并修饰两旁缺陷毁之处,所用工费约一千五百元。

南京重要街道,大抵筑于明初,其宽度率为十公尺,亦有宽至十五公尺者。后以管理不严,市民房屋侵占街道,所在多有,以致现在街道常有一端宽至十五公尺,而相距不远之处,宽度仅有五公尺者,估衣廊大街一路尤为显著。因此房屋之界线,时呈参差不齐之象,而桥道宽度,往往大于所接之街道。首都成立以后,最先开辟之马路,为国民政府门前之狮子巷马路,宽一百尺,两旁人行道各十五尺,中间车行道宽七十尺,但其长度只有一千尺。十八年六月一日,总理灵榇南下,为尊重奉安典礼,及便利行旅计,特先期修筑中山马路,自下关江口直达陵墓止。十七年九月间,政府议决暂借华侨捐款一百五十万元(原作购飞机用),充修筑首都中山路迎榇大道之用。全线自江口至中山门,延长二十四里,即十二公里,或一万二千公尺,由市政府负责筑建。其中山门外至总理墓长六里之马路,则归总理葬事筹备处建筑。中山路全线分为四段:第一段自江边至挹江门,长一千二百五十公尺;第二段自挹江门至保泰街,长三千八百公尺;第三段自保泰街至新街口,长一千八百七十公尺;第四段自新街口直达中山门,长四千另三十公尺。[①] 中山路宽度规定为四十公尺,以时间与经济关系,先筑成中心部之二十公尺。其建筑经费,据市政府报告共计用洋一百二十八万元,其中用于马路工程者六十三万元,用于桥梁者十九万元,其余则以排水设备等之用。桥梁有二,一为中山桥,建筑费十六万元;一为逸仙桥,建筑费三万元。中山桥在挹江门外,跨秦淮河上,旧有惠民桥,亦称惠民河,惠民河两端皆通长江,商业上甚为重要,且便于船舶之避风。中山桥纯用钢骨水泥造成,全长六十一公尺,桥面

① 张连科《首都中山路全线测量工程经过实况》,《工程》杂志第四卷第三期,十八年四月。

阔二十二公尺，小号轮船通行无阻。逸仙桥跨护城河上，桥长五十三公尺，桥面阔十二公尺，用美国松木建筑；河中仅有小舟往来，为经济起见，故改木制。江口码头，为中山路起点，亦即总理灵榇渡江登岸之处。美国纽约城之第五街，长六英里，号称世界最长之街，中山大道之长度过之，全线长八英里，中山门外二英里之大道尚不计焉。中山路告成，则下关与城南方面之交通大为便利，为首都第一干线。

依现在之中山大道，延长其子午线一段，北起和平门，南达中华门，成为一大干线，此二线为建设首都之基本道路。子午线全路由此而南，无一屈折，其长十四里而强。其经过地点，系由和平门南行，至大钟亭山，与中山大道相连，复由南端之新街口起。穿珠宝廊，过秦淮河城垣，越城墙渡外秦淮（即护城河），至雨花台山麓而止。其在南门附近，必须增辟城门一座以贯通之。又延长中山路之东西线一段，由中山门西达旱西门之马路，亦在规划中。此线与子午线成正交，向西延长，直达梅子洲。

首都市政府曾谓京沪铁路局设法展拓下关车站，俾与挹江门附近之中山大道衔接。路局方面则以中山路与京沪路相距最近之处，尚有四分之三英里之遥。若与中山路衔接，其间贵重之房屋极多，均须拆毁，工程浩大，且以地势而论，下关一站，确无大规模扩展之可能。应俟经济稍裕时，改和平门站为首都总站，与子午线衔接，较为便利。① 云和平门南距鼓楼中山大道捷径三千五百公尺，即相去七里也。

四　鼓楼岗与诸小山

首都之有鼓楼岗，殆如巴黎之有凯旋门。凯旋门（Are de Triumph）一八〇六年拿破仑建，鼓楼建于明洪武十五年（1383），外观作城阙状，下为驰道，上有楼。鼓楼地点适中，自此至十三城门，途程几相平均，其形势如凯旋门有十二条康庄大道，以此为交点也。现在中山大道与子午线大道，以鼓楼为交点。鼓楼岗高度四十公尺，明太祖建钟鼓楼于其上，以钟鼓报京城昼夜时刻，所谓“扶桑微曙，众革齐鸣；徐疾三止，金奏爰作；以数节之，一百又八；声震天地，无远不格”。鼓楼旧有鼓二十四，今无。

① 《铁道公报》第一卷第四期，十八年三月。

鼓楼东有大钟亭，内有大钟，即明钟鼓楼遗物。今中央研究院天文研究所在鼓楼设有测候所，用电动发音机传报时刻，市民称便，惟发音时刻不在清晨而在正午。

鼓楼岗之东有钦天山，高度七十公尺，其上有气象台；钦天山东麓有孤阜突起，曰鸡鸣山，高度五十公尺，其上有鸡鸣寺。气象台即元明观象台旧址，实为世界最古之观象台，明季吴梅村《观象台》诗，有"候日观云倚碧空"之句，即指此地。自清初康熙年间，南京观象台仪器移入北平，而山上仅有道观，俗称为北极阁。民国十七年，大学院以北极阁地址极适于气象测候之用，因于山上重建气象台，台之旁即为中央研究院气象研究所。气象台系六角形，用钢骨水泥建筑，工费约一万三千元。台凡三层，离山顶四十余尺，登高一望，首都形势，了如指掌。鸡鸣寺与气象台相对，仅隔一岗，为金陵古刹之一。寺后有豁蒙楼，寺东麓有台城坡道，台城者六朝都城之旧名也。台城与鸡鸣寺，为游踪最盛之地，俯瞰玄武湖，所谓"对群山之参差，望巨波之汪洋"，天然美景，时时变幻，如山阴道上，应接不暇。

钦天山之阳为国立中央大学，中央大学为首都最高学府。其创设之古，世界各大学殆无其比。南朝时，已立国学于北郊之鸡笼山（即钦天山，以形似得名），时在西历第五世纪。明太祖洪武十四年（1381）设建国学（即国子监）于钦天山之阳，翌年告成，其后永乐帝迁都北平，以京师国子监，为南京国子监，于是国学有南北之分。南监规模极大，东至小教场（即小营），西至英灵坊（即十庙口），南至珍珠桥（即浮桥），其广大远过于今日之校址。现在中央大学学生约千五百人，前明盛时生徒曾达万人。南监校址极胜，启东窗，翠色隐隐撩人，则钟山顶也；启北牖，则鸡鸣浮图，冈松历历，烂然横陈，校中有二水并流，东曰珍珠河，西曰进香河，二水皆源于后湖，下流入北门桥河，今二水仍夹流于中央大学围墙之外。古时可由清凉山泛舟直达钦天山，二水深广可想，今已不任舟楫。英国剑桥大学以剑河之桥得名，中央大学西南角亦有大石桥，跨进香河上，登桥而望，两岸垂柳成阴，碧水清澈，波光尽处，气象台涌出于林梢之间。若修治二河，加以布置，当为校景增色不少。又南监有浴贤池，以铜为之底。引后湖水经其中南出，俾诸生澡雪；又置水磨，运机作面，以食北方诸生，此皆令人发怀古之幽情。[1] 明代大学至清嘉庆中毁于火，文物荡然。今中央大学继承南京高等师范及东南大学之遗业，其校舍一部分为三十年前三江师范（后改两江师范）之旧宅，大学围墙以内，皆属清季以来欧风之建筑，欲求中古时代之流风余韵，邈乎不可复迹矣。

自鼓楼以西，有私立金陵大学与金陵女子大学，或在高岗，或在幽谷，荒烟蔓草，极闲静之致，新建大厦，仿古宫殿式，颇壮观瞻。又西为国学图书馆，馆址在盋山之麓，规模宏敞，面临乌龙潭，自潭上望藏书楼尤胜。馆中所藏古籍之富，为首都第一。盋山一名协山，与清凉山相对，盋山高五十公尺，清凉山高六十公尺。清凉山顶为未来首都自来水厂水塔地址，已见上述。清凉山东南三里有冶山，高度四十公尺，山脚即为秦淮河支流之运渎。冶山在清代为孔子庙址，即明代之朝天宫，明时凡大朝贺，先习仪于朝天宫，故其地重屋护栏，规模整齐。近教育部就朝天宫遗址，改建中央教育馆。昔冶城东有天界寺，为明初修《元史》处，寺已毁，今中央政治学校即在其故址附近。清凉山为城西诸山中之特出者，山巅甚平衍，四望廓然，南唐尝建翠微亭以为避暑之所。今山巅有楼曰扫叶，远揖江光，近俯石城，莫愁湖烟树楼阁，历历可指数。近中央研究院曾呈请国民政府圈定清凉山麓之地一千余亩，为永远院址，以清凉山附近，地既清净，又极空旷，实为最适宜之学术研究处所。若院址一旦落成，西起清凉山，东至钦天山，广厦万间，成为首都伟大之文化区域。

首都既属天然良港，又为全国文化中心，市政之设施，为举国观瞻所系。故市行政区域所在地，颇关重要。现已选定大钟亭山与五台山二处，为适宜地点。大钟亭山为本市几何上之中心，交通便利，又地势较高，易于引起市民之注意，五台山虽略偏于西部，山中有一天然之椭圆形运动场，将来公共运动场、公共演讲厅及各种公共会所，皆可合建于一处，著名之小仓山，即在五台山之北，高度四十公尺，距北门桥约二里。清乾隆时，袁子才于此建随园，山环水抱，楼阁参差，处处有图画之妙，为南京古来第一名园。随园即随其自然环环之意，门外竹径柴篱，引人入胜。小仓山种竹不下数十万竿，一入柴门，便行竹径，曲折周遭，始达游

---

[1] 见董穀《碧里杂存》，《宝颜堂秘笈》之一。

所。随园虽为私人所有，但与公园无异，每年园门之槛，必更易一二次，盖践履太繁故也。惜此园经洪杨之乱，鞠为茂草，亭台花木，荡然无存。南京又有一天然之公园，是谓雨花台，雨花台高八十余公尺，距南门甚近，故春秋之间，游人最众。登高而望，全城如一盆形，万家烟火，与远近云峰相间，大江如带，环绕其下，气象至为苍茫。惜著名之磁塔，已毁于洪杨之乱。金陵磁塔，名曰报恩寺塔，在聚宝门外雨花台之麓，明永乐十年建，历一十九年(1412—1431)始成。塔凡九级，八角形，高二十四丈六尺(《大英百科全书》作二百六十呎)，以五色玻璃为之，早晚日射，光彩万状。篝灯一百二十有八，燃炷无虚夜，数十里中风铎相闻，星光闪烁，称为天下第一塔。近国民政府建筑顾问墨斐演说，曾谓今已无同类之建筑，足以表示中国建筑之精彩，墨斐主张于城心附近兴建一塔云。雨花台明代有二寺，西曰高座，东曰永宁，皆甚宏敞，每当丛桂盛开，游屐咸集，煮茗剥栗，作登高之会。永宁寺之永宁泉，甘冽称最。今寺院已毁，仅存茶社。泉后即雨花台砾岩层，水当自此中流出也。雨花台砾岩层中，多细玛瑙石，因名聚宝山。此等石子，有光泽及美丽之花纹，碎玉零珠，可以供几案之玩。雨花台古称石子岗，即以产石子而名，但近年已捡拾殆尽。

南京城西部，自狮子山、马鞍山至清凉山，迤东至五台山一带，皆赤石结成岗阜(在地质学上属赭色之砂砾岩)，其上覆以互厚之黄土，组成低缓之丛山。地旷久稀，农民利用之作蔬圃，盖其地高而不患潦，其塘多而不虞旱，其人朴而习于劳，其居复近市场而易于获利。故虽四时作苦，终日泥涂，然趁墟早散，偶徜徉于茶肆中，所谓江南卖菜佣，都有六朝烟水气也。南京城西北部，池塘极多，种菜者赖以作灌溉之用。城内之塘，共四百余所，夏秋之际，水常盈满。塘底之泥，黝黑如漆，有肥料之功用，种菜园者，每于冬季水涸之时，将塘泥挑出，运至菜地，或用以压竹园。竹林每年只须压塘肥一次，他种肥料皆可不用，其质之肥，可以想见[①]。南京贫民，多在塘内洗濯衣物，并在近傍淘米洗菜，因此水质污浊不堪，绝对不宜为饮料，南京城内，水井极多，总计有一千六百余口，然大部分皆为浅井，最浅者不过一二十尺，较深者不过三四十尺，水源取之于冲积

① 《中外经济周刊》，《南京城内水塘之概况》，十四年七月四日。

层，其成分殆与塘水无大区别。井水之佳者，如雨花台之永宁泉，清凉山之六朝古井，鸡鸣山之胭脂井，与钦天山南麓之九眼井，水味均甚甘美。诸井皆位于山麓，因其曾透过数重之岩层，将水中浊质，尽行滤去，故水质极清，最适于饮料之用。九眼井即在中央大学梅庵墙外，此井之水，由石英质砾岩中汲得，不但冰质清冽，水量亦甚丰富。王季梁先生曾称九眼井为全城第一井，水质之佳，过于江水云[1]。

五　玄武湖

玄武湖在城墙北面，一名后湖，枕山环城，周围约十六里。钟山峙于东南，幕府山连亘于东北，覆舟鸡鸣诸山，挺拔而突出城头。古色古香之南京城，自自由门蜿蜒而达和平门，望之俨然，尤足增加艺术上之兴味。春水初涨，湖中一望弥漫，光映上下，荡漾烟波之上，使人心旷神怡。前人诗云："却怪横峰碍兰浆，鸡鸣晴翠落波心。"此泛湖之妙境也。至七八月间，荷花盛开，或红或白，荷叶则一碧无际，此时仅存曲港，以通小舟。冬季湖水干涸，满湖尽为葑草所占，游艇殆绝迹。玄武湖平时水之高度，由半公尺至一公尺半，平均约一公尺又十分之一。考察湖滨岸线，于平时高度而外，可再增入〇・七五公尺高度之水量，而无泛滥之虞[2]。

后湖之中有五洲，湖水环绕，旧时泛舟方达。西北曰老洲，西南曰长洲，长洲前抱一洲，曰新洲，东二洲，曰麟洲趾洲。曾国藩建湖神庙于老洲，庙旁有楼三间，可望湖山全景。左宗棠于自由门外钟山下建长堤，直接湖神庙，始无须舟送矣。宣统元年，因南洋劝业会行将开幕，特辟丰润门，门外一堤，直达长洲，长洲与老洲有桥相通。民国十六年，后湖收为市有，在老洲湖神庙之东，兴建公园，曰五洲公园。将来湖中五洲，全行开辟，可设立博物馆美术馆及动物园植物园，并拟开浚湖水，出湖中葑草，则后湖可成为一泛舟游乐之区。后湖之价值，在予市民以精神上之修养，至经济上之价值实为次要。湖滩盛产樱桃，其余芦苇、茭菜、荷叶、菱角等项，亦为出产大宗。五洲百有余户，资以为生。每株最大之樱桃

---

① 王琎《南京之饮水问题》一文，《科学》杂志第十二卷第一期。

② 《首都计划》页106。

树，可卖樱桃二十余元，但此项大树，须长至十余年，一树之寿，可至六七十年，故一园之成，可享利数十年，亦园业之佳者也。南京自由门外中山门外一带，均有樱桃园，果味之佳，尤以后湖诸洲所产为最。

昔人谓后湖绰约媚人，山色四围，如艳妆窥镜，湖山之美，何减武林。西湖自唐以来，楼阁参差，诗歌点缀，日益繁艳。后湖在六朝时已为名胜之区，但至今犹甚荒僻，仅富于野趣者，此何故耶？其原因即后湖在六朝时为御用之湖，明代亦为禁地，西湖则向为公开之湖，在南宋建都时，亦示君民同乐之意；是以金陵古来游乐之地，皆在城南之秦淮河两岸，不若杭州之集中于西湖也。六朝时，玄武湖由狮子山通长江。故晋宋以来，皆有湖肄舟师阅水军之事，湖北岸幕府山下，则为当时屯兵营垒之所在。六朝诸帝，既于湖滨多造园林，又常泛舟后湖，如梁昭明太子，即因荡舟没溺，寝疾而卒。明太祖设皇册库于后湖，为收藏图籍之所，凡天下造到黄册（人口统计册）鱼鳞册（田亩统计册）皆置于此，特令有司管理其事，一应外人不许往来，盖所以防火灾也。皇册库设于老洲长洲，长洲所抱之新洲，中有沟，萦环如溪涧，则为厨房以供饮食云[1]。

后湖居民盖明亡以后，由镇江迁来者，至今五洲合计一百二十户，七百余人，亚欧美三洲共为一百一十户，每家皆有船只，合计一百三十四只，首都市政府于美洲设五洲公园管理处，陆上农产大都为居民所有，水上物产则归市政府所有，例如渔利为管理处与居民所分享，管理处得百分之六十四，居民得百分之三十六[2]。五洲居民分布，列表于下：

洲　名	面积（亩数）	居民户数	人　数
亚洲（长洲）	139	70	380
欧洲（新洲）	96	25	140
美洲（老洲）	103	15	90
澳洲（菱洲）	97	4	50
非洲（趾洲）	94	6	40
合　计	529	120	705

① 顾起元《客座赘语》卷十，后湖条。

② 何逢春《五洲公园社会调查略述》，载于《中央大学半月刊》第十四期，十九年五月。

京沪路过尧化门后，循紫金山北部小山山边，向西而行，经玄武湖东北，又经狮子山山麓，城外低地，而达于长江江边。中间玄武湖东北一带地段，最宜辟为郊外住宅区域，已在国都设计处计划之中，唯铁路从中经过，不免有碍于将来之发展，故拟自尧化门站起，向西北另筑一线，经卖糕桥西至和平门站，与旧线相联结，再由卖糕桥筑一南下之线，通过自由门站进自由门。其自由门站以至和平门站之一截旧路线，则悉行拆去，以保全玄武湖东北所定郊外住宅区之地位。明故宫一带业已尽为中央政治区，位置在中山大道之南，中山路之北，则为中央车站地点。（将来明故宫乘客总站完成后，可以下关现在之客站改为货物总站。）明故宫一带，将来当成为繁盛之商业区域，大商店、大旅馆及政府人员之住宅等，皆在此地建筑。在此商业区与上述文化区之间，即玄武湖南岸覆舟山之阳，有一广大之陆军操场，称为小营，该场西接中央大学，东连中央军官学校，宽约四百七十五公尺，长约五百五十公尺，小营将来拟辟为飞机场，因其在全城中具有宅中之势，实为世界各大城飞机场所罕有[①]。

幕府山在玄武湖之北，与大江并行，其临大江一面，倾斜甚急，其对后湖一面，则倾斜平缓，地甚宏敞。幕府山高度一百九十公尺，不及钟山之半，山巅设有炮台，为全城要塞。全山面积九千八百亩，约合钟山面积五分之一。幕府山一名石灰山，为石灰岩所成，沿山有十二洞，皆石灰岩洞也。山中居民稀少，树木屡经樵割烧山，遂成童濯状。惟山下沿途居民多植榴树，花放时，数里红紫，一望无际，亦美景也。幕府山东端尽处，有燕子矶，系砾岩所成，高出江面约八十尺，一峰特起，三面陡绝，自江上望之，形如飞燕。峰顶有俯江亭，可旷览长江，而沙洲映带，风帆往来，其中深远澄淡之致，使人领受不尽。盖自大孤小孤以下，金焦二山以上，沿江名胜，此为最著，燕山矶在外郭观音门外，距和平门约十里，有马路可达。

六　钟山

自首都至镇江一带之山脉，略成东西走向，全系著称之山，如钟山，

① 《首都计划》页 86。

汤山、栖霞山、宝华山等，高峰约在九百尺至千二百尺之间，中以钟山为最高，拔海达千四百尺（即四百五十公尺）。首都城内居民，有小楼东北望，无不见钟山者，钟山岩层有紫色之页岩，而北坡尤为发达，远望作紫红色，故有紫金山之名。[①] 钟山有三峰，第一峰高四百五十公尺，称为北高峰。第二峰位于东南，高三百五十公尺，别称茅山。第三峰高二百五十公尺，别称天保山。登北高峰俯瞰首都，则冈陵起伏，原野平铺，大江如玉带横围，有庄严灿烂之景象。钟山东西延长七公里，东北约三公里，全部位于城郭之外，而包于外郭之中。

钟山据高临下，易守难攻，南京历代战争，轧以钟山为全城之锁钥，第三峰迫临城郭，尤为重要。第三峰南麓有一高阜，名曰富贵山（即古龙尾坡，一名龙广山），高度八十公尺，明初筑太平门（即自由门），城跨其上，此历代战争之所也。六朝之末，隋军平陈，及同治时湘军攻破金陵，皆在此处。太平军于第三峰筑天保城。又于富贵山设第二要塞，曰地保城，今天保城遗迹尚存，辛亥革命，浙军克天保城，而南京遂下，有纪功塔屹然峙焉，富贵山今有炮台，游客不能上。中央研究院拟筑中央天文台于天保山，现正修筑登山路，此路系由自由门外富贵山麓（俗名龙脖子）起，绕行山北，经纪功塔而达第三峰。第三峰山顶面积颇广，即将天文台、图书馆暨职员宿舍，合建一处，亦绰有余裕。天文台高踞峦顶，风力过强，故建筑材料，决定完全采用石质云。至应修之盘山马路，长约四里，坡度约为百之八至百分之十。将来尚拟展筑至第一峰山顶，全路长十里。钟山风景夙称奇伟，正式之上山车路，殆以此为嚆矢。

钟山自六朝以来，本多林木。明建都时，钟山夹路松荫，亘八九里，清风时来，寒涛吼空，触人诗兴。明代钟山之阳，有桐园漆园棕园，园各植万株，洪武初，以造海舶及防倭战舰，所用油漆棕缆，为费甚重，故立三园以备用而省民供焉。钟山又产楠木，明时甚多，数百年前旧家大厦，多用此木，有大至数围者[②]。清代以钟山为牧场，养战马八千余匹，大受蹂躏，只有割取柴草之利，无复松柏苍翠之观。地面曝于风日，复受雨水冲洗，土

---

① 刘季辰、赵汝钧合著《江苏地质志》页25，民国十三年北平地质调查所出版。

② 甘熙《白下琐言》卷五，道光二十七年(1847)印。

壤几全被剥蚀，石砾尽现，山坡倾斜处尤甚。民国元年，南京义农会在紫金山创办林业，救济穷民，成效颇著，其后有江苏省立造林场，至民国十七年，归并于总理陵园。总理陵园系包括紫金山全部，面积辽阔，山上原有树木不及五分之一。自陵园成立后，积极整顿，所种之树，以松树为大宗。陵墓四周，广集各国各地异材佳木，造成森林，以期蔚为大观，永留纪念。

六朝时钟山佛寺甚多，有七十余所。至宋代并诸小刹于太平兴国寺，又称蒋山寺，在钟山之阳独龙阜，独龙阜高度一百五十公尺，寺两庑级石而升，凡四五十丈云。明初以其地卜建孝陵，别于钟山东麓。新建灵谷寺。孝陵高度自七十公尺递升至一百公尺，最后穿隧道而登祭坛，堤后为独龙阜，松柏错杂，即太祖埋骨处也。明时孝陵为禁地，陵内畜鹿数千头，项悬银牌，往来林木间。鹿苑之制，随明而俱亡。唯前石人石兽，历时五百余年，尚能完好。灵谷寺高度亦自七十公尺递升至一百公尺，寺后之屏风岭高度在三百公尺。屏风岭碧石青林，幽邃如画，寺前左右山田，约六七十顷，满种竹树，弥望皆绿。寺毁于洪杨之乱，就现存之殿宇观之，犹可想见当年之盛况。又著名之八功德泉，即今灵谷寺后泉是也。总理陵墓，介于孝陵与灵谷寺之间，自总理陵墓南约二三百公尺之地，沿东西走向一带之区域，西自明陵，东至灵谷寺，皆可凿井以汲，取石英质砾岩之水，此处之水，较鸡鸣寺等处为尤佳云①。

中山先生以民国十四年三月十二日，卒于北平旅邸，遗嘱归葬于南京紫金山。至四月十四日，总理葬事筹备委员会成立，遵总理遗言，勘定钟山东部茅山南坡为墓地。其地冈峦前列，屏障后峙，左邻孝陵，右毗灵谷，气象极为雄伟。五月间，采用建筑师吕彦直氏警钟形之图案，测地炸石，鸠工它材，于十五年三月十二日，举行盛大之奠基礼，陵墓所用石材，或为苏州金山之花岗石，或为香港之花岗石，全部工费一百五十万元。由墓道至中山门马路约六里。至民国十八年六月一日，迎榇南下，以中国国民党名义，葬总理孙先生于此地。陵墓建筑，首为甬道。其次为陵门，自陵门以递达祭堂大平台之石道，凡分十段，石级数三百三十九级，其高度由一百二十公尺递升至一百八十公尺。石道之两旁有平坡，共可

① 谢家荣《钟山地质与南京市井水供给之关系》一文，《科学》杂志第十三卷第四期。

容万五千余人之众。最上部为大平台，中央建立祭堂，前面作廊庑，支以方柱四，祭堂后壁之中央，辟墓门以通墓室。大平台之南面，护以石栏，台之东西两旁，拟建立高约四丈之华表，极森严之致。民国十六年十月间，总理葬事筹备会已划定钟山四周界线延长四十余里之地，辟为总理陵园（面积约一百三十方里，即四万六千亩），冀使陵墓得天然美景之拥护，而壮丽其巨观，藉科学建筑之扩充，而深宏其纪念云。

中央政府行政区域，曾经国都设计处选定紫金山南麓一带之地。盖其地处于山谷之间，在二陵之南，北峻而南广，有顺序开展之观，形胜天然，具庄严朴茂之气象，其优点所在，条举如次：

（1）面积永远足用。现在中央机关职工，据调查所得，总计约九千五百余人，而因政务日趋繁颐，将来职工之递增可以断言。若以十万人计之，则中央政治区域，应有二方英里之面积，方可敷用。而紫金山南麓地方，面积约二·九方英里，约合我国一万一千一百亩，必能永久足用。

（2）位置最为适宜。中山大道直达境北，轮船码头距离虽远，联络亦易。新建筑之公路，京杭一路，即沿中山门至汤山之路线，京镇一路，即沿自由门至尧化门之路线，二线完成后，与中央政治区域相联贯，更具促进该区发达之效力。

（3）布置经营易臻佳胜。其地既属山谷，不致一望坦平，而又斜度缓和，迥与悬峭者异。加以凿筑湖池，择地最易，园林点缀，随在皆宜，于壮严灿烂之中，兼林泉风景之胜。

（4）军事防守最便。紫金山峙立境北，高四百五十公尺，形势险要，关系军事至巨，一建炮台，实具建瓴之势。

（5）于国民思想上有除旧布新之影响。世界新建国都，多在城外荒郊之地。如澳洲之康巴拉（Camberra）土耳其之安哥拉（Angora）印度之新德理（Delhi）无一不然；一方固使规画裕如，一方亦有革故鼎新之意。该地位于郊外，实与斯旨相符。他如地在总理陵墓之南，瞻仰至易，观感所及，则继述之意，自与俱深，而地面南方，夏凉冬暖，又与国中建筑习尚，深相符合，此又其另一方面之优点也[①]（附图十）。

① 《首都计划》页25至27。

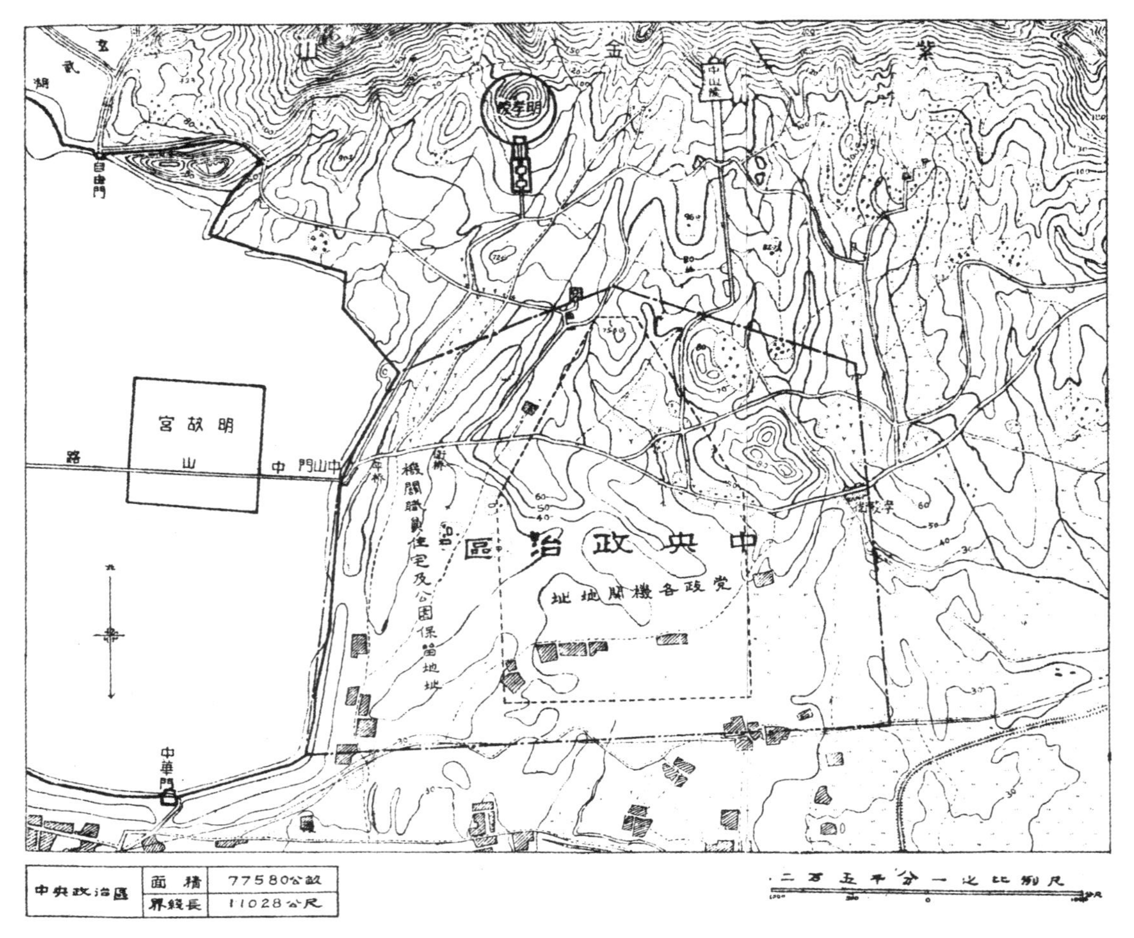

第十图 国都设计处中央政治区域界线图

十九年一月间，国民政府训令首都建设委员会云："中央政府行政区域决定在明故宫。"按明故宫地方，如位置适中如地多空旷，易于规划，皆其优点所在。唯全部地面均系平坦，建筑方面难臻佳胜，此实不及钟山南麓之处，吾人之意，钟山南麓一带，大可利用之，以筑建一宏丽永久之博览会场，展览全国之物产，以谋推广国际贸易，其性质可与德国莱集城之年市(The Leipsig Fair)相同。莱集城之年市为欧洲最大博览会之一。每年春秋二季举行赛会二次，盖不但调剂德国一年之商务，并为中欧各国贸易之中枢，每年到会参观者，有二十余万人，来自外国之商人，达七十余国之外。以后我国之地大物博，而首都为全国交通中心，博览会之重要，可与莱城相提并论。况钟山南麓为一极可爱之环境，于会场盛植嘉树，广拓花畦，务令风物之美，深入人心，藉以招引世界各地之游客，则其促进首都之繁荣，决非浅鲜。现代国际交通日益便利，出外旅行者日多。各国政府莫不修饰其名山胜地。娱悦远人，吸收游资，坐获巨利故从来山川风景仅为商人雅士之所欣赏者，至现代则俨然具有浩大之经济的价值云。

总理称首都有山有深水有平原，世界各国之国都，大都有深水有平原而无高山。如东京位于关东平野之中心仅有高度一百二十尺之岗阜。柏林城中有沙邱，高出城市一百呎。巴黎仙河之北有孤阜，高于仙河水面三百呎。紫金山高度在千四百呎，周围四十余里，求之世界各大都会，诚未见其伦比也。王荆公钟山诗云"终日看山不厌山"，其精神上之价值有如此者。故先总理惓惓斯土，陵寝所在，从此总理浩气长存于山谷之间，诚如太史公所云："高山仰止，景行行止，想见其为人，低回留连，不忍去焉。"

十九年五月草于中央大学

南京之气候

竺可桢[1]

一　绪言

欲知一地气候之概要，则不得不知气候所含之要素。盖论气候者，必须将此等要素，逐一分析，而后始能明显也。是要素维何，即(一)气压(Pressure)；(二)温度(temperature)；(三)雨量(rainfall)；(四)云(clouds)；(五)湿度(humidity)；(六)风(wind)是也。之六要素者，凡普通气候学教科书，均有说明，兹不赘述。以下所述之南京气候，即分论此六要素者也。

本篇系民国十年在南京高等师范之演讲稿，迄今已历八载，近年南京气候纪录较多，已应重作，惟以《科学之南京》行将出版催稿甚急，乃将原

---

① 竺可桢(1890—1974)，字藕舫，又名绍荣、烈祖、兆熊，小名阿熊，浙江省绍兴县东关镇(今该镇划属上虞县)人，气象学家、地理学家和教育家。1905年进入复旦公学学习(未毕业)。1909年进入唐山路矿学堂(今西南交通大学)土木工程系学习。1913年毕业于美国伊利诺伊大学农学院。1918年获美国哈佛大学博士学位。1918年到1920年任教于国立武昌高等师范学校(今武汉大学)。1920年到1929年历任南京高师、国立东南大学、国立中央大学地学系主任。在此期间，筹建气象测候所，进行气象观测研究，是中国自建和创办现代气象事业的起点和标志。1929年到1936年任中央研究院气象研究所所长。

1936年到1949年，他担任国立浙江大学校长。在此期间，他广揽名师，特别是延揽了众多中国科学社和前学衡社的成员，使浙江大学迅速崛起成为一流大学，时人称浙大俨然重振了“东大雄风”，又誉其为“东方剑桥”。在浙大的发展历程中，担任校长达13年之久的竺可桢可谓厥功至伟。他被公认为浙大学术事业的奠基人、浙大“求是”精神的典范、浙大的灵魂。浙大校训“求是”即是由他提出，校歌亦是他请著名国学家马一浮作词、音乐家应尚能谱曲作成。

1948年选聘为中央研究院院士。1949年10月16日任中国科学院副院长，筹建中国科学院地理研究所。1955年当选为中国科学院院士。——校者注

文加以删改。最后天气之变动一节，则系重作者。民国十九年三月著者识。

二　南京之纬度

南京居北纬三十二度五分，在普通所称为温带区域之内，而据气象学上所区分之地域言之，则南京之地位，适在副热带（subtropical belt）内。河北山东诸省，则属北温带地域矣。所谓副热带者，即自南北纬二十度迄三十五度间一带是也。

三　地位与气候之关系

纬度不同，气候亦异，此不易之理，人尽知之。然亦有在同一纬度之地而其气候之不同有若霄壤者，此则由于其四围环境如地位、高度、离海远近等之不同也。所以论气候者，必须注意于此等事实。各项环境中，地位甚为重要。在副热带内，位在大陆之西与在大陆之东者气候迥异，临海之地与位在内陆者，亦有不同。副热带之气候可大别为三：

（一）在大陆西部者，为地中海气候（Mediterrenean climate）亚细亚及地中海沿岸一带之气候皆属之，即美洲西部美国之加利福尼亚（California）省之气候亦隶其范围。此带气候温度之较差甚小，而冬季雨量较夏季为多。

（二）在大陆内部者，为沙漠气候，其位置大部居于大陆之腹地，若戈壁，波斯，阿剌伯等地是也。地多沙漠，鲜雨量，温度之较差甚大。

（三）在大陆之东部者，为季风气候（monsoon climate）。冬季风自大陆趋入海洋，夏季则自海洋吹入大陆，气候冬严寒而夏酷暑，雨量多在夏季。若南京之气候，即属此带。

四　南京气候概论

凡季风气候影响所及之地，其气压必冬高而夏低，而季风之所以成，每由于气压之不同也。南京之气压，一月份平均为七百七十一又十分之四密力米达，其时之风多来自西北大陆。至七月中之气压，平均仅为七百五十四又十分之一密力米达，其时之风，多来自东南海洋。此不仅南京为然，即北自辽宁南至两广，凡受季风之影响者，一年中风向冬夏均有不同。至其所以成如斯之现象者，则由于风之趋势，均由高气压流向低气压处。亚洲之高气压冬季在西伯里亚，至夏季则移至日本附近太平洋中。

南京之气压，既为冬高而夏低，因以与其地之雨量亦生有莫大之影响，是以南京之雨量夏多于冬也。冬日少雨之原因，由于冬日高气压，在西伯里亚一带，风既自高气压吹往低气压，故冬日风来自西北。而自西北方面吹来之风，性极干燥，乏水分而寒冷，其结果造成南京冬日之高气压少雨量。夏日之所以多雨，其情形适与冬日相反，盖夏日之高气压在海洋，即东南方向，故风多来自东南。东南之风源自洋海，富水分而温暖，其结果则造成南京夏日之气压低雨量多。

南京之地位，处于长江下游，其四围寡山岭，即有之亦不高峻，如紫金山高亦不过一千四百呎，是故冬夏季风得以直入而无阻。设南京之西北有高峻山脉横梗，其温度必不如今日而冬季必较为和暖，是因西北之山脉足以御西北来之寒风也。设其东南有高峻山岭者，则其雨量必不如今日之丰沛，此则以东南之山脉足以为东南满含水气之季风之障碍也。

五　分论

（甲）气压。气压与人生，骤视之似毫无关系，然细按之，则可见间接之关系实甚大也。今即以季风气侯生成之原因观之，则瞭然矣。盖使气压而高下者，则季风即无由生成也。

世界气压分布之大概情形，则在两极及赤道者为低，而在南北纬三十度左右之气压则特高。其所以成此现象者，则两极以离心力大故气压低，而赤道气压之所以低，则由于温度过高也。南北纬三十度处气压之所以高者，则由于两旁之空气适由此下降也。

据原理而论，则南北纬三十度之处为副热带。凡副热带之地，气压高而雨量必少，今南京之地位既居于副热带，有如上述，而其地之雨量又复若是之丰沛，于理论似不甚相合矣。然按下列之表，则其故当可思而得之也。今列表如下：

南京与同纬度地冬夏平均气压比较表

纬度	冬	夏	全年
北纬 32°5′平均	764.7	759.3	762.0 密力米达
南京	771.4	754.1	763.7 密力米达

观上表则全年气压，在南京与同纬度之地固相差无几也。惟有一特异之点堪注意者，即南京冬日之气压高于其同纬度平均之气压，而南京夏日之气压低于其同纬度平均之气压也。夏日气压低风来海洋故多雨。冬日气压高风来大陆故少雨。是以南京夏季之所以多雨乃受季风之赐也。草木五谷，春生夏长，秋收冬藏，故以农业上立论，夏季之雨固较冬季之雨或雪为有用也。

（乙）温度。温度与风亦有密切之关系。南京之温度以受季风之影响，故冬日之温度较同纬度地平均之温度为特冷，而夏日则为特热也，然其全年之平均，则较之同纬度者为逊色矣。今将其冬夏之温度列表较之如下：

南京与同纬度地冬夏平均温度比较表

纬度	冬	夏	全年
北纬 32°5′	12.9°	26.7°	18.9°
南京	3.0°	27.3°	15.2°

观上表则可见其冬日温度之差与同纬度各处相较几近摄氏十度，合之华氏则约为十八度，故特冷也。夏日相较则反高一度，故又较热也。

观下图知南京一年中平均温度，一月为最低，七月为最高，而四月与十月则寒暖适中。且由上表可见在冬夏温度之变迁甚纡缓，而春秋温度之变迁则甚速，此则堪为吾人注意之点也，大抵三四两月温度之相差，约达摄氏六度，四五两月之相差，约达五度。至九十两月之相差亦达五度，而十、十一两月之相差，则竟达七度左右矣。温度之迁变，与人生喉鼻及肺部之疾病大有关系。大抵温度之变迁速者，则易致疾病，缓者则否，此

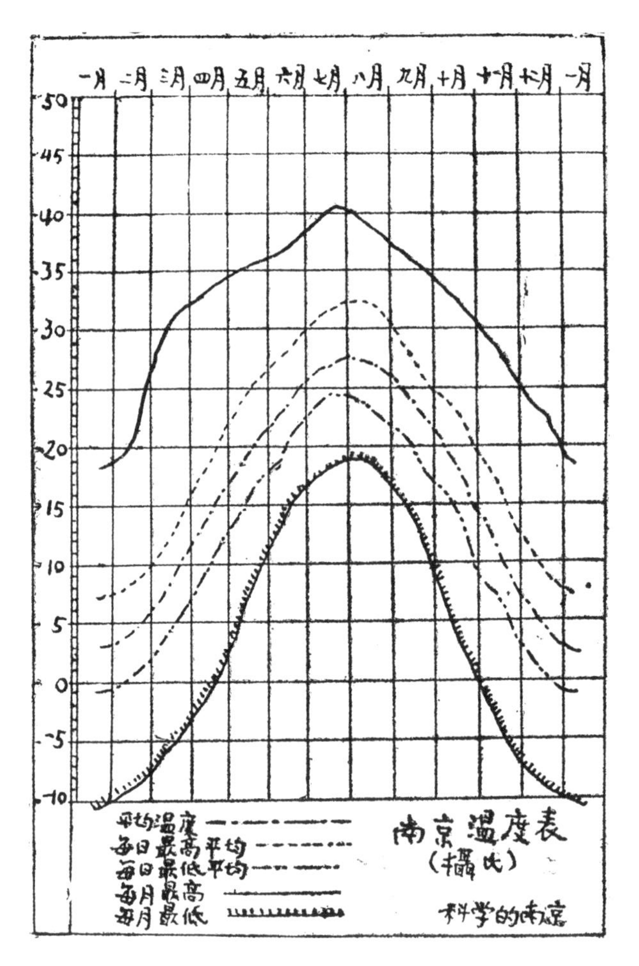

所以南京每当十、十一月之交，多感冒伤风之疾病也。

依1907年至1927年二十年间之纪录，南京最高最低之温度如下，最低温度见于1917年一月四日，计摄氏零下十二度又二分之一度，即华氏表九度半也。最高温度见于1914年七月廿三日，达摄氏四十度又五分之一，合之华氏表则有百零四度，可云高矣。虽此种温度乃偶尔发现而非常见，然在南京之纬度而冬夏温度相差如斯之多，亦可惊人矣。

今更详列一表以世界各处与南京同纬度之气温相较。

纬度相近各地温度按月比较表(摄氏)

地名	纬度	一月	二月	三月	四月	五月	六月	七月	八月	九月	十月	十一月	十二月	全年
南京	32°5′	3.0	4.0	8.2	14.1	19.9	24.1	27.3	27.2	22.5	17.3	10.3	4.7	15.2°
汉口	30°35′	4.4	5.3	9.9	15.9	21.6	25.5	28.5	28.7	23.7	18.4	11.7	6.3	16.7°
上海	31°12′	3.2	3.9	7.8	13.4	18.6	22.9	26.9	26.8	22.7	17.4	11.1	5.6	15.0°
生笛哥①	32°43′	12.2	12.6	13.4	14.6	16.0	17.7	19.4	20.4	19.4	17.2	15.0	13.2	15.9
爱儿拍梭②	31°47′	6.7	9.4	13.3	17.7	22.3	26.5	26.9	25.9	22.6	16.9	10.5	7.1	17.2°
沙纹那③	32°5′	9.9	11.4	14.6	18.2	22.6	25.7	26.9	26.3	24.1	19.0	14.2	10.7	18.6°
耶路撒冷④	31°48′	7.0	8.6	10.8	14.9	19.4	21.3	22.9	23.0	21.3	17.1	13.3	9.4	15.9°

南京与上海纬度相差不过五十三分,其气候应相若,但自上海来南京者,往往谓二处气候不同,此为口头之寒热,不足为凭也。而按之实际观测所得之图表,则南京之气候,实与上海略有出入不过甚小耳。其冬日之相差仅达五分之一度摄氏,夏日之相差亦仅达五分之二度摄氏也,上海冬季较南京为温和,而夏季则较南京为凉爽,此盖由于上海近海,受海洋影响之故也。

至若汉口,则以其距海较南京为远,而纬度相差达一度半之多,故夏日之温度较之南京约高摄氏一度又五分之一,其全年之温度则亦较南京高一度又半也。其高于上海则尤多矣。

以上所述,仅就我国与南京同纬度各处言之。今再与外国同纬度之地较之,则亦可见各处温度之大概也。且外人每有称南京之气候为热带气候者,然按之上表,则知其言之误也。

美国西方加利福尼亚(California)省之生笛哥地方,其冬日之温度,较之南京则高摄氏九度有余,夏日之温度,与南京较则低约达八度,是以其温度冬夏之较差不及南京之大,而其气候更变之剧,亦不若南京之甚也。然南京全年平均之温度,则较之生笛哥为低,故或谓南京之气候当

① 生笛哥(San Diego),美国 California 省之一城,在美国西部。

② 爱儿拍梭(El Paso),美国 Texas 省之一城,在美国中部。

③ 沙纹那(Savannah),美国 Georgia 省之一城,在美东部。

④ 耶路撒冷(Jerusalem),地中海岸 Palestine 之一城。

属热带者，不可信也。至二地冬夏之气候，有若是之分别者，则由于海洋影响不同之结果。南京居于大陆之东部，副热带中，故气候变更剧，生笛哥居于大陆之西部，为海洋气候带，故气候变更和缓。是以其在冬季，南京则寒风凛冽，手足僵冻，而生笛哥地方则犹玫瑰初放含笑迎人也。

若与美国中部台克杀司（Texas）省之爱儿拍梭相较，则南京亦冬冷而夏热。其全年温度之平均，则南京不及爱儿拍梭之高。然以上二地，生笛哥在美国之西部，而爱儿柏梭在美国之中部，虽与南京同一纬度之上而位置不同，气候亦因以异，无足怪也。

今再以与南京在同纬度而在美国东部之沙纹那相较，则南京亦冬冷而夏热，冬夏较差之大且益著。沙纹那居于美国东部乔治亚（Georgia）省，地滨海，纬度与南京相同，而温度则相差实甚。沙纹那冬日之温度，为摄氏九度又十分之九，较南京为高。夏日之温度，为摄氏二十六度又十分之九，较南京为低。其全年温度之平均，则为十八度又五分之三，亦较南京为高也。欧洲最南点在北纬 36°，无与南京同纬度之地，故不能相比。试以亚洲西部同纬度之地与南京相较，耶路撒冷为犹太国之旧都，地在地中海东岸之北纬三十一度四十八分之地。其气候之变迁，不逮南京之剧而冬夏温度之较差，亦不及南京之大也。故其温度较之南京实冬高而夏低，冬暖而夏凉。是则观上之比较，南京之气候，冬严寒而夏酷暑均趋于极端。为同纬度各地所罕见者也。

霜与农业之关系。霜有早霜（first frost）及终霜（last frost）之期。所谓早霜者，即秋季或初冬时第一次降霜，终霜者，即孟春时最后一次降霜也。而早霜则又有平均（average）日期及最早（earliest）日期之分，终霜亦有平均日期及最迟（latest）日期之别。是数事者，农人皆须知之，以与农业大有关系也。各地降霜之期，每无一定，其迟早常大不相同。大抵视纬度之高下而定，即纬度高者秋季降霜期早，低者霜期迟。若低纬度之地，则每有不知霜之为何物者。若香港每十年仅有一次之降霜，无所谓终霜期也。杭州之早霜期，则较南京迟七日，而终霜期较早七日。潘阳之早霜期则早于南京四十五日，终霜期迟于南京四十四日。南京之霜期列表如下：

南京霜期表

早霜		终霜	
平均	最早	平均	最迟
十一月十四	十月廿九日	三月十九	四月六日
霜降十月廿四	谷雨四月廿一		

俗称清明断冻，谷雨断霜。观上表足知历书中之霜降谷雨，与南京早霜终霜之平均日期，并不相符，盖二十四节气乃战国时代所定，合于黄河流域而不合于长江流域也。

霜与农业有重大之关系，故中外各地，皆注意及之。我国则历书上载有霜降之期，外国则有霜期之报告皆以与农业有关，欲从事预防，以免农作物受霜之侵害也，惟历书上霜降之期，不能普通应用，因各地之霜降期有早迟之不同也。南京之无霜期，自三月十九日至十一月十四日，约有八月之久，于斯时也，实为农业上种植时期(growing season)。杭州之种植时期较南京长半月，而沈阳之种植时期仅五个月而已。

(丙) 雨量。南京之雨量，尚称丰沛，其全年之平均为一千一百密力米达约达四十四吋左右。今将南京、杭州、天津三处之雨量列表比较之如后。

观下图可知天津、南京、杭州三处雨量之多寡虽不同，而其夏日多雨冬日少雨则相同也。且可知南京一年中雨量之最多者为六七两月，五月则较四月为少，其雨量之最少者则在十二月也。

至其降雨日期之多寡，常人皆以为冬夏一律，实则不尽如是也。据调查所得，则南京十二月降雨期与晴朗日之比为五与二十六，换言之即有五日之雨，二十六日之晴也。至六七月中，晴日与雨日比较，则为十六与十四之比，即有十六日晴，十四日强之雨也。杭州夏季降雨日数更较南京为多，至六月中，竟有十七日之雨，即俗所谓黄梅天也。至天津之降雨期，则自十二月至四月之间，几皆无之，迨七月而雨始盛降。

至黄梅天之所以成，杭州降雨期之所以早于南京，南京则早于天津，及杭州雨量之所以多于南京，南京多于天津则皆可以“季风之影响”五字释之。盖黄梅天之所以成乃由于冷暖不均，水气冷而凝结，因

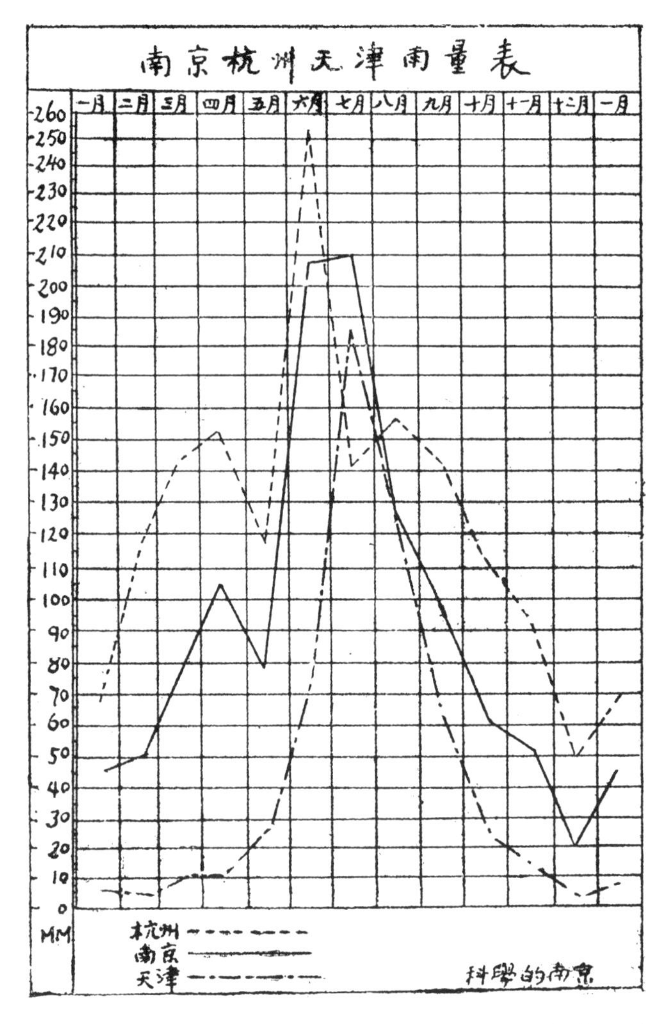

是下降而为雨，盖寒冷之西北风与温暖而潮湿之东南风相遇合故也。每当西北风渐衰，东南风渐盛时，常淫雨连绵。又以西北风渐向后退缩，东南风渐向前趋进时，其降雨期遂生出早迟之不同。于此可悟香港降雨期之所以早于杭州。杭州早于南京。南京早于天津之理矣。盖东南季风之来，先经香港，而杭州，而南京而后天津也。至其降雨量之多寡，则由于东南风之湿度向北渐减。达天津时季风如强弩之末，故雨量少，南京之黄梅雨季，则在五六月之交，以东南西北而不同温度之风适相会于斯时也。

至其降雨日数之多寡每即基于上述降雨期之早迟，及降雨量之多寡而有不同。大抵先受东南季风之影响者，则降雨期必早，降雨量必丰，即降雨日数必多。观下图南京、杭州、天津，三处之降雨日数，之比较，即可知其大概矣。

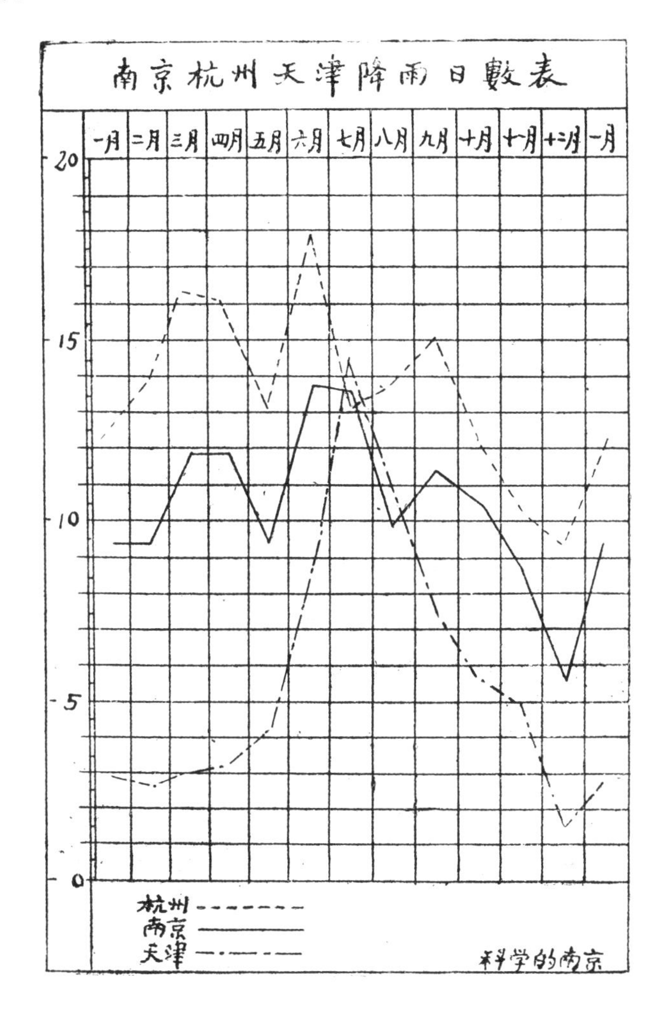

观上图，则可知南京降雨日数之多寡，实介于杭州、天津二地之间也。今再以南京降雨量及日数，与美国东方大城加拉斯敦(Charleston)较。

依后表，则知南京全年雨量为一千一百零四密力米达，加拉斯敦则为一千二百十六密力米达，降雨日数，南京为一百二十五日强，加拉斯敦为一百十八日。二者均相差无几。不特此也，南京雨量以夏季六七八三月为最多，而加拉斯敦亦然，益知二处气候之相伯仲矣。

地名	(一) 雨量表(以 cm 计算)													
	纬度	一月	二月	三月	四月	五月	六月	七月	八月	九月	十月	十一月	十二月	统计
南京	32°5′	4.5	5.0	7.8	11.5	7.8	20.7	20.9	12.6	9.9	6.0	5.2	1.9	110.4
加拉斯敦	32°47′	7.5	7.5	8.0	6.0	8.5	13.0	15.0	16.1	13.0	9.9	6.6	8.4	121.6
(二) 雨日表														
南京	32°5′	9.4	9.4	11.9	11.9	9.3	13.8	13.5	9.9	11.5	10.5	8.8	5.4	125.3
加拉斯敦	32°47′	10	10	10	8	9	11	12	13	10	8	8	9	118.0

美国东方之加拉斯敦城不特与南京温度固相差无几,即雨量与一年中降雨日数,亦不相上下也。

降雨之时期与农业之关系。降雨量之多寡,固于农业极为重要。但其雨期之得时与否,则尤有关系也,盖一地之雨量,全年平均能达二十时而降雨适得时者,已足以供给农业上之需用矣。若不得时,则虽多无益也。设于冬日盛降水雨,则达地后,皆冻结为冰雪,不特无利,亦将适足为害也。今南京之雨期适在夏季,故于农事极为适宜。然此亦未可一例视之也。盖降雨之期,每视一处气候而异耳,若地中海气候,则冬日因气候温和,故其雨量亦可利用于农业也。

雪。雪之降止,我国历书上亦记载之,如小雪即初雪(first snow)也。雨水即终雪(last snow)也。惟其记载之日期,每不可凭,且常有适于此而不适于彼者,故若以历书上之所载日期推之于两广、满洲,则将成为笑谈矣,盖一地雪之降止期各有不同也。今将南京自 1907 年至 1917 年,所测得雪之降止期,列举如下。

南京雪之降止期表

初　雪		终　雪	
平　均	最　早	平　均	最　迟
十二月七日	十一月九日	三月四日	四月三日
小雪十一月廿三		雨水二月十九	

二十四小时内最大之雨量。倾盆骤雨,使河流泛滥,平地顿成泽国,大足为农业之患,故南京二十四小时内据过去纪录中所降最大之雨量,亦有叙述之价值也,自 1905—1929 二十五年中一日间最大雨量,当推民

国十一年九月十一下午四时至十二下午四时为最多。计共一百四十六又十分之一密力米达，由于台风掠南京附近而过，各种农作物受害不浅，而尤以棉花晚稻为最甚也，其次则民国十四年七月二日下午四时至三日下午四时，共降雨一百四十一又十分之九密力米达。及1910年七月七日，是日之降雨量亦达一百四十五密力米达，约合六吋之谱，南京历年来一次最大之雪，见于民国十八年十二月十八至十九两日。计共降雪四十小时，平地雪深一尺溶化作水计共七十二密力米达。

（丁）湿度。计算湿度。可分二类。（甲）比较湿度（relative humidity），即由此比较而得以百分计算者也。（乙）绝对湿度（absolute humidity），乃以其所含湿度量之多寡而计算者也。二者各有优点，然普通多以此比较湿度计算。外人常谓南京之气候甚潮湿，远非欧，美各处所可比拟，此实一种误解也。盖南京气候之潮湿，固无庸讳言。但较之美国东方同纬度各处如加拉斯敦城则亦不相上下也。今试表列于下以比较。

南京与加拉斯敦湿度比较表

	纬度	一月	二月	三月	四月	五月	六月	七月	八月	九月	十月	十一月	十二月	全年
南京	32°5′	77.9	77.8	77.6	77.8	77.7	81.0	83.0	81.0	81.0	78.0	78.0	76.0	79.0
加拉斯敦	32°47′	77.0	76.0	75.0	76.0	77.0	79.0	80.0	81.0	80.0	76.0	77.0	79.0	78.0

观上表则可知其相差实甚小也。是以英国人黑柏森（Herberston）分全地球之气候为四大区域，而以美国之气候同于中国，不为无见也。

（戊）风。南京之风，其详细状况气象研究所将出一专刊以讨论之。然其大概之情形，则可得而言也。大抵南京之风，实受信风（trade Wind）与季风之影响也。故其冬日多东北风，夏日多东南风，而西北风则惟十二月与一月间稍稍有之。凡时当八月之杪，东南来之季风即减少，而东北来之信风乃渐盛。自八月九月以至翌年四月，皆为东北风盛行之期，至东南风盛行之期，则六月、七月、八月三月为最。四五月之交，则为东北东南二风交替之期。因以淫雨连绵而成雨季，由斯以往，则为东南风之盛行期矣。以风力而论，则一年中以三月七月为最大，十月十一月为最小。北风之力常较南风为强。无论冬夏，下雨多东北风。“东北风雨祖宗”非虚语也。近年最大风力当推民国十八年五月二十二日下午五点之飑风,依北极阁风力计之纪录风力最强时达每秒三十五公尺,即每小时一百三十六公里也。当时首都正在筹备中山先生安葬典礼各种建筑物间有被风推倒者。

(己)云。南京之云,种类甚多,其最特异而常见者,则为块状积云(fracto Cumulus),次为层云(stratus)今略述之如下。

(1) 积云。积云在我国素见不鲜,欧、美亦间有之。然至欧,美北部,即少见矣。积云状甚奇特,变幻无穷。最常见者,则为罗汉状之积云。是类积云,南京甚多。大概上午八时即可见之,由斯渐增,迨达傍晚,乃归消灭。多见于晴朗之日。然至九月之后,即鲜见矣。至其生成之原因,则由于对流(convection current)之关系也。

(2) 层云。南京之云,九月以前,几皆为积云之世界。然自九月以后,即有层云高层云层积云等代之以兴。迨至阳历一月二月,则为各类层云最盛之时代,由是以后,则亦渐归减少,直至积云代兴而止。

(3) 云量。云量之算法以天空作十成计。如天无片云则云为0,如阴翳蔽天则云量为10。南京一年中云量如下表所示,以十月与十一月为最少,是时天朗气清,故有秋高气爽之雅。以五六两月为最多,则以适逢梅雨期故也。上海之云量亦大率称是,特上海滨海故云量较南京为多耳。

南京与上海各月云量表

地名	时期	一月	二月	三月	四月	五月	六月	七月	八月	九月	十月	十一月	十二月	全年平均
南京	1922—1928	6.3	6.2	6.3	6.2	6.8	6.7	6.4	4.9	5.4	4.7	4.4	5.1	5.8
上海	1873—1926	6.1	6.8	6.9	7.0	7.0	7.7	6.4	5.7	6.4	5.8	5.2	5.0	6.3

(庚) 天气之变动　南京天气之变动,不出四种之因数夏季由于雷雨及台风,而冬季则由于风暴及西伯里亚高气压也。

风暴　冬日天气之晴阴,多受制于风暴。此等风暴来自西方,由长江上游经南京向东海而往日本。冬春各月,将雨时必为东南风或东北风,至晴时则为西风或南风。南京下雨均在风暴已过之后,且必须风暴由南京之南而过,则雨量始丰。是等特点,非特限于南京,即长江下游各处，自汉口至上海亦莫不如斯也。兹将长江流域在 1901—1910 十年间各月风暴数列为如下。

长江流域十年间各月风暴数目表

月份	一月	二月	三月	四月	五月	六月	七月	八月	九月	十月	十一月	十二月	合共
风暴数	23	16	21	25	19	26	8	2	5	11	9	12	177

各月中以四月六月两个月风暴为特多，故梅雨时期之所以淫雨连旬者，非无故也。盖风暴接踪而来，则势必霖霖不绝矣。

西伯里亚高气压　但在冬季，亦有风暴经过南京附近，而南京但觉阴昙，不降雨泽者，则以乏西伯里亚高气压之为后盾也。如西伯里亚高气压向南而下，即风暴受压迫，势必至于侵入长江南部，遂致降雨。迨高压逼近，则飞雪。是以在政治上，西伯利亚之空气可使一地赤化，而在气象学上则西伯里亚空气之登临，乃足以使其地白化"难得遐荒皆缟素，不论榆柳尽梨花"此袁枚写雪景诗，即白化之现象也。南京之雪，几无一次不受西伯里亚高气压之影响。此西伯里亚气流之侵入，可称之曰西伯里亚面 Siberian Front 犹之欧洲西部英，德，诺威各国气象学上之所谓极面也。

雷雨　雷雨多在夏季，因日中温度过高，空气渐呈不稳定状态，近地面之热空气上升，而高空之冷气下降。故雷雨以前数小时，多觉闷热。雷雨过后，骤觉凉爽，职是之故也。南京每年平均有雷雨之次数约为十五天，以七八两月为最多，五六两月次之至冬季一月十二月则所罕观也。据陆家浜地磁台台长马得赉[①]云，过去三十三年中，上海在一月间有雷雨只二次，而十二月间则从未有雷雨也。但本年（民国十八年）十二月十五号上海有雷雨，是实为近世破天荒第一次也。南京纪录年代较少，十月十二月及一月间均未测得有雷雨。兹将民国十年至民国十八年历年雷雨列表如下。其中民国十二年及十六年因残缺不载。（按雷雨以有雷而有雨者为限，有雷电而无雨者，或有电有雨而不闻雷者不得称雷雨[②]）

① 马得赉 J. de Moidrey，刘香钰，潘肇邦合著《气象通诠》第一百十七页，民国十八年上海徐家汇出版。

② 参观《科学》杂志第十四卷第七期吕炯著《雷雨》文。

南京各月雷雨表

年　份	一月	二月	三月	四月	五月	六月	七月	八月	九月	十月	十一月	十二月	合共
十年	0	0	0	0	0	1	7	4	1	0	0	0	13
十一年	0	2	0	1	0	2	2	1	0	0	0	0	8
十三年	0	0	0	3	5	2	5	5	1	0	0	0	12
十四年	0	0	0	0	1	5	5	2	0	0	1	0	14
十五年	0	0	0	0	2	1	8	3	0	0	0	0	14
十七年	0	0	3	2	1	0	4	2	0	0	2	0	14
十八年	0	0	1	1	2	5	1	9	0	0	1	0	20
平　均	0.0	0.3	0.6	1.0	1.6	2.3	4.6	3.7	0.3	0	0.6	0	15.0

台风　风暴在南京多见之于冬春两季，夏季则希有之已如上节所述。但此所谓风暴，乃指温带风暴而言。尚有热带风暴，则在南京惟秋夏之间见之，此等热带风暴即台风或台风是也。台风与温带风暴，性质不同之点有三(1)温带风暴多见之于春冬而台风则以夏秋为盛。(2)温带风暴自西向东行，而台风则自东向西行。(3)台风较温带风暴为剧烈，风力强而雨量多。在亚东一带之台风，多起源于太平洋赤道附近雅泊岛之东，渐渐西行过菲律宾，由此或东折向日本，或西趋向安南，或则经台湾海峡在我国沿海登陆也。台风在海中则掀波作浪，高比于山。在大陆则摧屋拔树，飞沙走石。加以倾盆大雨，是以舟子与农夫，皆谈虎色变，视台风为可畏。我国沿海之地，香港、汕头、厦门、温州、宁波、上海各处，虽时遭台风之厄，而南京因离海已远，台风登陆即势力减少，故南京遭台风之殃，不若沿海诸邑之甚。且长江流域，纬度较高，台风之能临降者，亦较闽粤诸省为少也①。

自1904至1915十二年中，太平洋中共有台风二百四十七次，在我国沿海登陆者共五十四次，其中仅有三台风在温州以北登岸，其余五十一台风上陆均在闽粤沿海也。台风至我国沿海以七八九三个月为最多，长江下游以七八两月所受影响为尤大，即在闽粤一带登陆之台风，亦往

① 台风一年中分布情形可参观竺可桢著 *A New Classification of Typhoons of the Far East*，见美国 *Monthly Weather Review* January 1925 pp1-5 及 December 1924 pp570-579。

往向西北进行，掠南京附近而过，而受其影响也。是故在北温带中，依理论平均风力应以三月为最大，七月八月为最小。而南京七月之风力，乃超出于三月，上海情形，亦复如是，如下表所示，则以台风故也。

南京上海各月平均风力表（以每时走几公里算）

	时期	一月	二月	三月	四月	五月	六月	七月	八月	九月	十月	十一月	十二月	平均
南京	1929	19.3	17.8	19.1	19.5	18.6	16.8	21.5	20.5	14.0	15.7	14.3	17.6	17.9
上海	1875—1926	19.2	18.8	19.9	19.6	18.7	17.5	20.0	19.0	17.5	16.3	17.4	18.5	18.5

近年来南京台风之最烈者，当推民国十年。是年八月，南京曾有两次之台风，风力极强，足以拔数十年之老树。第一次在八月十四至十六日，第二次则在二十日至二十四日第一次台风掠南京之南，趋向长江上游。当时南京最低气压为 742.94 mm，风力达蒲福尔 Bearfort 第十度。是日降雨达四吋，即约一密力米达也。第二台风中心于八月廿一晨经南京而西，当时最低气压为 734.05 mm，风力与前次不相上下而雨量则不及也[1]。

---

① 参观民国十年八月廿八日《申报》星期增刊，竺可桢著《本月江浙滨海之两台风》。此文转登南京高等师范史地研究会出版《史地学报》第一卷第三期 209—212 页。

南京音系

赵元任[①]

研究一处的方音有两种不同的观点，因而也有两种不同的工作。一种是语音学(phonetics)的研究，是要把所研究的方言里的语音(包括声

---

① 赵元任(1892—1982)，字宜仲，又字宜重，江苏武进(今常州)人。是中国著名的语言学家、哲学家、作曲家，亦是中国语言科学的创始人，被称为汉语言学之父，中国科学社创始人之一。他先后任教于康乃尔大学、哈佛大学、清华大学、夏威夷大学、耶鲁大学、密歇根大学、加州大学伯克利分校，先后获得美国普林斯顿大学(1946)、加州大学(1962)、俄亥俄州立大学(1970)颁发的荣誉博士学位。他是继戈鲲化之后第二位于美国哈佛大学任教的华人。

1909年赵元任考取清政府游美学务处招考的庚款游美官费生，在康乃尔大学主修数学，选修物理、音乐。1918年在哈佛获哲学博士学位。又在芝加哥和加州大学做过一年研究生。1919年回康乃尔大学物理系任教一年。

1920年赵元任回国任教清华学校的物理、数学和心理学课程，同年冬曾为英国著名哲学家罗素来华讲学担任翻译。在清华期间，赵元任与杨步伟结婚。

1921年赵元任夫妇来到了美国，赵元任在哈佛大学任哲学和中文讲师并研究语言学。

1925年赵元任回清华大学教授数学、物理学、中国音韵学、普通语言学、中国现代方言、中国乐谱乐调和西洋音乐欣赏等课程。他与梁启超、王国维、陈寅恪一起被称为清华“四大导师”。1928年作为研究院语言研究所研究员，进行了大量的语言田野调查和民间音乐采风工作。

1938至1939年任教于夏威夷大学，在那里开设过中国音乐课程。1938至1941年，任教于耶鲁大学。五年后，又回哈佛任教并参加哈佛燕京学社《汉英大辞典》的编辑工作。1946年国民政府教育部长朱家骅拍电报请赵元任出任中央大学校长。赵元任回电：“干不了。谢谢！”

从1947年到1962年退休为止，赵元任在加州大学伯克利分校教授中国语文和语言学，退休后仍担任加州大学离职教授。1945年赵元任当选为美国语言学会主席。1952年任阿加细(Aggasiz)基金会东方语和语文学教授。1960年被选为美国东方学会主席。

1973年，中美关系正常化刚起步，赵元任夫妇就偕外孙女昭波和女婿迈克回国探亲。5月13日晚至14日凌晨，受到周恩来总理的亲切接见，周总理还跟赵元任谈到文字改革和赵元任致力研究的《通字方案》。

主要著作有《国语新诗韵》、《现代吴语的研究》、《广西瑶歌记音》、《粤语入门》(英文版)、《中国社会与语言各方面》(英文版)、《中国话的文法》、《中国话的读物》、《语言问题》、《通字方案》，出版有《赵元任语言学论文选》等。

出版的歌集有《新诗歌集》(1928)、《儿童节歌曲集》(1934)、《晓庄歌曲》(1936)、《民众教育歌曲集》(1939)、《行知歌曲集》和《赵元任歌曲集》(1981)。——校者注

调）都调查分析出来并且考定同一个音在什么情形之下有些什么变化（换言之平常所谓叫“同一个音”其实是些什么音），例如同比作用，轻音的影响等等。第二种是音韵（phonology）的研究，是要问这方言里头有些什么声母、韵母、声调，拼出来有些什么字音，（例如 g，k，h 跟 i 拼不拼）什么字属于哪一类（本地的音韵学，local phonology）还要问它的分类法跟别处方言的异同（比较的音韵学，comparative phonology）还有跟古音音系分合的异同（历史的音韵学，historical phonology）。

这两种观点的不同处倒并不是绝对的不同，乃是程度的不同。注重音就是语音学，注重音在语言里所成的分类系统就是音韵学。但是近来中外人研究中国方音的往往接不起头来，我想这都是因为太偏于一方面的缘故。比方 Daniel Jones 跟 Kwing Tong Woo（吴絅堂）做的那本广州语读本[①]，错是很不错，但是它的观点纯粹是语音学的观点所以不能给研究广州语的人，尤其是中国人，一个充分的帮助，反之中国人做的音韵学国语学诸书，又偏重于音韵的方面，比方从注音字母拿ㄩㄑ拼ㄧㄨ元音的办法上就可见一斑，现在这篇讲南京音系的短文，就是想叫这两种有关系的工作接起头来，或者换个譬喻，叫它们拉起手来，所以在语音的方面，我用一种纯拼音性的国际音标；并且照声母韵母的排列，在音韵方面又用一种半拼音性半文字性的方言罗马字（拼法跟国语罗马字用一样原则），用前者可以正音，用后者可以统系，所以上头标题中“音系”两个字也可当“音”跟“系”分开来讲。

本篇所根据的材料，大部分是根据一九二七秋作吴语调查时顺便到南京所记载的发音。此外参考的就是凭记忆写作者在一九〇七至一九一〇住南京时所听得的音。书籍当中最有价值的是高本汉的方音字典[②]。从前西人讲南京音往往拿它当一种南式标准语看待，有些南京不分辨的音，例如 in，ing，n-，l-，他们给它分辨起来，那就不成为学术的研究了。Kühnert 倒是早看出这个毛病来。他的南京字汇[③]是一个大胆的

---

① Daniel Jones and Kwing Tong Woo, *A Cantonese Phonetic Reader*, London, 1912, University of London Press.

② Bernhard Karlgren, *Etudes sur la Phonologie Chinese*, Vol IV, Paris, 1926.

③ Franz Kühnert, *Syllabar des Nanking-Dialectes*, Wien, 1898.

工作，不过有的地方的胆太大了，把如字并作 λjê 威海卫并作 ei-chai-ei，所以关系音的分析上他的书简直没有用处，但是关于音的分类，本篇也有些查用它的地方。

一　南京的语音[①]

1. 声母：

白 p	拍 p‘	墨 m	拂 f
得 t	忒 t‘	勒 l	
格 k	克 k‘	黑 x	
基 tɕ	欺 tɕ‘	希 ɕ	
知 tʂ	蚩 tʂ‘	施 ʂ	日 ʐ
兹 ts	雌 ts‘	思 s	

(a) 发音方法：

〔p, t, k〕是极不吐气的破裂音(plosives)；〔tɕ, tʂ, ts〕是极不吐气的破裂摩擦音(affricates)。

第二纵行〔p‘, t‘, k‘, tɕ‘, tʂ‘, ts‘〕都是吐气音。

〔l〕母略带鼻音，碰到〔i〕，〔v〕音时几乎变成 n 音。

〔ʐ〕母音摩擦甚少，比北平的更软，它跟英文〔ɹ〕音不同的地方，就是〔ʐ〕不一定有唇作用，而英文〔ɹ〕总带一点唇作用。

(b) 发音部位：

〔x〕部位很后，轻读时有变成喉音〔h〕的倾向。

〔tɕ, tɕ‘, ɕ〕比北平的略后，但不后到德文 ich〔iç〕里〔ç〕的程度，所以现在用近来国际音标里新定的 ɕ，代表这类普通部位的舌面颚音(palatals)，细说起来，这里的 t 字也应作带左横钩的 t，因为它是舌面与颚接触的音，但因为后头已经有 ɕ 号了，所以第一字母可以从简了。

〔tʂ, tʂ‘, ʂ, ʐ〕比北平稍前。

〔ts, ts‘, s〕跟中国别处的差不多，因此比英文的要前得多。

① 论语音时用国际音标标音，以方括弧〔〕为记，但列表时〔〕号从省。

2. 韵母：

ʅ　ʅ　ɒ　o　ɔ　ə　ɛ　e　aæ　əi　au　əu　e˜　a˜　ən　on　əʳ
(施,思)(他)痾 恶 舍 厄 (爹)哀 (杯)嗷 欧 天 安 恩 翁 儿

i　iɒ　iɔ　ie　iaæ　iau　iəu　ie˜　ia˜　in　ion
衣 鸦 药　爷(鞋)　腰 幽 烟　央 因 雍

u　uɒ　uɛ　uaæ　uəi　uen　ua
乌 蛙　(国)　歪　威　温　汪

(y)　(yə)(yɛ)　(ye˜)(yin)
迂　靴　月　冤　氲

〔ʅ〕,〔ʅ〕一个是舌尖后一个是舌尖前的元音,跟北平的相仿佛。

〔ɒ〕是一个很“暗”的〔d〕音,跟苏州的买、啥、野一类字的韵音一样。

〔o〕单用时略有念成 oó 或 òə 之势,因为它变动的范围极小,所以不写作 ɔo 或 ou 等复合式。〔o〕在〔oŋ〕是一个部位高而略前的〔o〕。

〔ɔ〕只见入声,部位比第六标准元音略高。

〔ɛ〕单用或在〔u〕后的只见入声字,它的音偏后偏低,有一点转〔ɐ〕的倾向。

〔æ〕在〔aæ〕时是很前的〔æ〕音。

〔ə〕单用甚前,几乎是一种〔e〕音。在〔əi〕,在〔əu〕音偏后。在〔əŋ〕或在轻音字是中性〔ə〕。

〔əʳ〕前有声母的较近卷舌纯元音,单念(加在儿耳二)有分为〔əɹ〕的倾向。

〔a〕在〔aæ〕比在〔a˜〕较前。

〔a˜〕的元音微偏后。

〔e〕部位甚高,与法文 é 相仿佛,且略往上移,有 ei 意味,不过范围甚小,所以不写两个字母。

〔e˜〕部位跟〔e〕一样。

〔i〕单用,或在〔iəʊ〕或在〔iŋ〕是算韵母的主元音。在别处是单作韵头或韵尾。声母假如是〔tɕ, tɕ‘, ɕ,〕韵头的〔i〕很短(比北平的短),例如香〔ɕia˜〕差不多就是〔ɕa˜〕。

〔u〕的唇位近乎英文的长缝式的合口作用(不作圆形)〔u〕在韵尾(在〔au, iau, eu, ieu〕)是很前很开仿佛在〔u〕〔θ〕之间。

〔y〕当韵头时比当主元音时较短。有好些南京人全无撮口，所有用〔y〕的地方都改用了〔i〕了。而且〔yɛ〕月字改读齐齿时，元音也变为〔e〕，与〔ie〕叶同音了。

〔e˜〕，〔a˜〕表示前半无鼻音后半有半鼻音的韵。这种韵很容易受下字的同化作用，例如天〔t'e˜〕，边〔pe˜〕连起来成〔t'empe˜〕：当，头〔tɑ˜，t'əu〕成〔tant'eu〕；鲜；果〔se˜，ko〕成〔seŋko〕

〔ŋ〕，〔n〕的韵尾也有时受同样的同化作用，其中以〔əŋ，iŋ〕最不稳，〔uən，yin〕次之，〔oŋ，ioŋ〕最不受影响。

〔əŋ〕韵字独念时往往又用〔ən〕，大致是“奔喷门风”用 əŋ 时候多，“登疼伦，庚肯很”əu，əŋ 随便用，“真称胜人，曾衬生”用 en 时候多

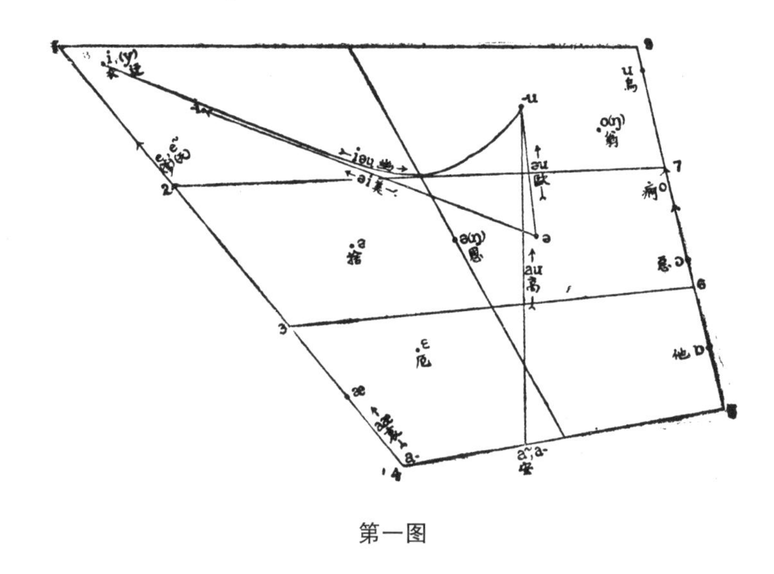

第一图

(喉部关闭作用)在入声字单念或在短句尾入声字重念时有之，平常入声字不过短就是了，并没有喉部关闭作用。

照标准元音(cardin ˌvowel)图，南京元音的舌位大约如上图(图中的线代表复合元音的路线，号码就是八个标准元音的次第)

图当中只注单元音跟真复合元音(就是先开后关的)：带介母的，除 iəu 一韵 i 音较长，其余的没有列入，因为它们并没新音素在里头。

3. 声调

南京有阴平(衣)阳平(移)赏(椅)去(意)入(一)五声。它们的音值

我从前估测起来是

第二图

这回又到南京用渐变的音高管模拟发音者，所得的音值是

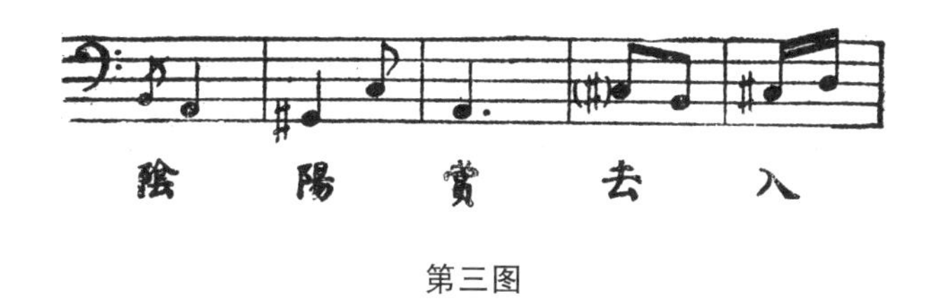

第三图

第二次做实验的时候并没有第一图放在旁边做参考也完全不记得它的内容，所以这两图这末相近可以证明这结果多少是可靠。至于两次的绝对音高(key of voice)亦几乎一样，是因为那位发音者跟作者的喉音碰巧一样，这是偶然的事(用现在的粗略记音法这种机会大约是十二分之一)若是换了一个人也许会全部移上或移下一点这几个调式跟刘复所得的微有出入①。那上头没有阳平，无从比较，那里的去入比这里的复杂一点。

用在南京所得的调改写成相对音高的简谱，又画作简图，就得下列的样子：

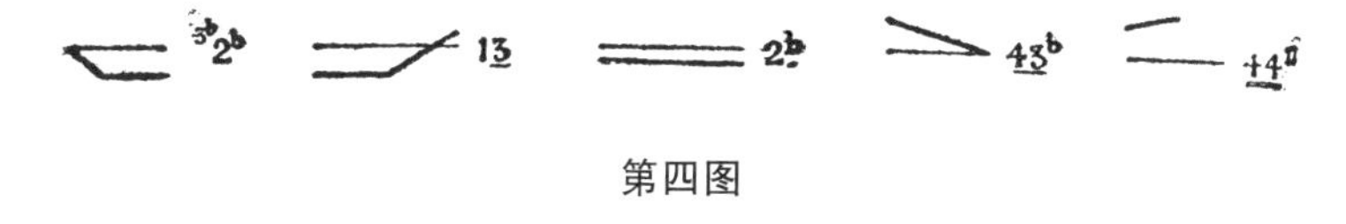

第四图

南京的轻音字的声调当然也要因轻读的影响而生变化，但这是语调的问题，这另是一种研究，本篇在论单字音的系统暂难顾到这个上头。(在篇尾成段的故事里有一点声调变化的实例)

① 看他的 *Etude Experimentale sur les Tons du Chinois*，Paris，1925 附图 P1。1，figs. 10-13。

二　南京的音韵

1. 本地的音韵。

研究音韵而不注重语音分辨的细处，最好莫过于用方言罗马字来并音，因为罗马字既可以把声母韵母声调干干净净地写出来，又可以于印刷书写上比语音符号简单，所以在本节里就大半用罗马字了。南京罗马字跟国语罗马字的拼法用一样的原则。读者拿下列声母韵母表跟第1节里用国际音标的表一比较，就看得出什么等于什么了。

关于罗马字所要注意的就是j，ch，sh，又当〔tɕ，tɕ‘，ɕ〕（基、欺、希），又当（tʂ，tʂ‘，ʂ）（知、蚩、施），在拼字的时候凡是在i-（衣）类或iu-（迂）类韵母的都当基、欺、希，在开口或u-（乌）类的都当知、蚩、施，所以没有混乱的机会；要是专讲到这些声母的时候，前者写作j_1，ch_1，sh_1，后者写作j'，ch'，sh'，

韵母方面除掉阴平声可以用i，u，iu，起字的，在其余几声逢i，u，iu当头写y，w，yu，这不过是为行文上的便利，在语音并没有什么意义。南京罗马字系统如上页。

研究本地音韵的主要的工作，第一步是问有些什么声母韵母声调，上头两个表就是这问题的完全答案了。其次就是问这些声母韵母声调拼起来的些可能的字音，共总有多少是有字的，所得的就是一套单字音的表（syllabary）就像从前的切韵指掌图，韵镜，切音指南那类东西的内容。外国人做的中国的单字音表总是不辨声调，那是于理论于实际都极不便的缺点，现在做的是中国式的（有声调的）音表表中共列1 052个字音全表，见下页：

声母：

曰 b	拍 p	墨 m	弗 f
得 d	忒 t	勒 l	
格 g	克 k	黑 h	
基 j	欺 ch	希 sh	
知 j	蚩 ch	施 sh	日 r
兹 tz	雌 ts	思 s	
移 y	吴 w	于 y(u)	

y	à	o	e	é	ai	ei	au	ou	én	ang	eng	ong	el
(施,思)	(他)	痾	(遮)	(爹)	(哀)	(杯)	(蒿)	欧	(天)	安	恩	翁	(杯儿)

yr	àr	or	er	ér	air	eir	aur	our	érn	arng	erng	orng	erl
(时,词)	(爬)	鹅	(蛇)	(斜)	呆	(肥)	熬	(侯)	(绵)	昂	(痕)	红	儿

yy	àà	oo	ee	éé	ae	eei	ao	oou	één	aang	eeng	oong	eel
(使,死)	(把)	我	(者)	(姐)	矮	(美)	袄	偶	(脸)	(仿)	(肯)	(孔)	耳

yh	àh	oh	eh	éh	ay	ey	aw	ow	ènn	anq	enq	onq	ell
(世,四)	(霸)	卧	(赦)	(谢)	爱	(妹)	奥	怄	线	暗	(恨)	(甕)	二

yq	àq	oq	eq	éq
(失)	(八)	恶	厄	(别)

i	ià	iai	iau	iou	ien	iang	ing	iong
衣	鸦	(街)	腰	幽	烟	央	因	兄

yi	yà	ye	yai	yau	you	yen	yang	yng	yong
移	牙	爷	捱	摇	由	言	洋	银	容

ji	eà	iee	eai	eau	eou	ieen	eang	iing	eong
椅	雅	野	(解)	咬	有	眼	养	影	永

ih	iàh	ieh	iay	iaw	iow	ienn	ianq	inq	ionq
意	亚	夜	(界)	要	又	厌	样	印	用

iq	iàh	ioq	ieq
一	鸭	约	叶

u	uà	uai	uei	uen	uang
乌	蛙	歪	威	温	汪

wu	wà	wai	wei	wen	wang
吴	娃	(怀)	围	文	王

wu	oà	oai	oei	oen	oang
五	瓦	拐	委	稳	往

uh	uàh	uay	ney	uenn	uanq
务	话	外	卫	同	万

uq	uaq	ueq
屋	挖	(国)

iu	iue	iuen	iuin
(虚)	(靴)	冤	氲

yu		yuen	yuin
鱼		元	云
eu		euen	euin
雨		远	允
iuh		iuenn	iuinn
遇		怨	运
iuq	iueq		
菊	月		

从上头的表可以得以下的几条南京音系的性质。(不说特点而说性质,是因为虽然总说起来虽只有南京音有这些性质汇在一道,而分说起来,每个性质也许有些别的方言也有的。南京音的特点见后。)

(1) 声母方面:浊音只有 m,l,r,三种软音(liquids)。(官话都是只有软浊音,就是旧名的次浊)。

l,n 不分,都并入 l(奈读如赖)。(从南京起溯长江以上两岸都是如此)

j,ch,sh(章、昌、商)跟 tz,ts,s(臧、仓、桑)不混。(但分法跟国音略有不同,看下面)

没有 ng 母,别处用 ng 母的都用元音起头(碍读如爱)。

(2) 韵母方面:en(真)eng(蒸)不分,现在写作 eng(实在的读音是 en,eng 混用;in(今),ing(京)不分,现在写作 ing。

an(山),ang(商)不分,现在写作 ang;uan(官),uang(光)不分,现在写作 uang。

o(渴),e(客)不混。

有 o 而没有 uo(锅读如歌)。

(3) 声调方面:有阴阳平,上去各一种,有入声。

(4) 声母跟韵母:b 系声母不跟 ong 韵拼。(风不读 fong 而读 feng。)(跟北方同,跟一般南方官话不同)

b 系声母除 u 韵外不跟 u-类,iu-类韵母拼,(多数现代方音如此)

f 母并且不跟 i-类韵母拼。

d 系声母跟 uei 拼而不跟 ei 拼。(对内作 duey luey 不作 duey ney)

g 系声母跟除给去两字白话音读 gii, kih 以外不跟 i-类,iu-类韵母拼。

ji 系声母只拼 i-类，iu-类韵母。

j' 系声母只拼开口，u-类韵母。

tz 系声母可以有 i-类 iu-类。（tzi，tsi，si（跻、妻、西）不跟 ji，chi，shi（基、欺、希）混。

（5）声母跟声调：b，d，g，ji，jtz 没有阳平。

m，l，r 除妈、拉、拾等少数几个字外没有阴平。

因为只有一种入声，所以浊母 m，l，r 的入声字（密、落、日）不另成阳入，音值类似一般吴语的阴入。亦，一也无分别。

（6）韵母跟声母：é，én 不单见，不拼 g，ji，j 系声母，只并 b，d，tz 系声（别、列、接；边、天、先）。

ie，ien 只单见（爷、烟），或拼 ji，系声母（结、谦）

ei 限于拼 b 系字（杯）

ong 不拼 b 系声母（风读 feng 不读 fong，跟国语同）。

ià 只单见或拼 ji 系声母（牙、家）。

uà 只单见或拼 g 系 j 系声母（瓦、花、挝）。

ue 只拼 g 系声母（国）。

uai 只单见或拼 g 系 j 系声母（歪、快、衰）

iu-类韵母除 liu 音四声外，只单见或拼 ji 系 tz 系声母（雨、去、须）。

（7）韵母跟声调：y 韵拼 tz 系声时缺入声（有雌慈此次而无 tsyq）。

io，ue，iue 只有入声（学、阔、血）。

有-i，-u，-n，-ng，-l 韵尾的没有入声（杯、乎、生、通、二），但入声字与词尾儿字合拼者，不在此例（如碟儿 delq 仍是入声）。

（8）声调跟声母：看上（5）

（9）声调跟韵母：看上（7）

南京音的别派。

南京本来外路人比本地人多街上听起来，听了好几个带外路口音的人才听见一个纯粹南京口音的人。但是南京人虽少而南京音在这少数人当中仍旧还暂保一种内部大体一致的系统。这种现状或者不能很久保持下去，现在城北已经有许多扬州化的倾向（如 ai 读如 é，跻妻西拼入基欺希之类），但在城南还可以找出一个独立的南京音系来。

本篇所讲的派别是在所谓“纯粹南京音”范围之内，仍旧有几种不同的派别。

(a) 撮口之有无，有的人的撮口韵甚完全，凡是国音撮口的字他都用撮口。上列的音表就以此为标准。高本汉，Kühnert 的书也都认那类字为撮口的，有些人就全无撮口的月、圆、云、远完全读成业、沿、寅、演。以上两种大约是读书人与非读书人两种阶级性的读音的差别，但也不尽然，因为又有第三派人把那些字有的读撮口，有的读齐齿，或同一个字文言读撮口，白话读齐齿的。关于这一层的人数与字数的统计作者还没有得到充分的材料现在只知道有这末几种而已。

(b) j 系 a，ai 韵开齐问题。渣叉沙斋钗筛与家卞虾街口蟹在上列的表中分开齐两类，前者是舌尖后音 j，ch，sh 与开口韵 a，ai 所成的音，后者是舌面音，j_i，ch_i，sh_i 与齐齿韵 ia，iai 所成的音，高本汉与 Kühnert 也有这种区别。但有一部分南京人把第二类的也全照第一类，读如下雨读如沙去声雨，蝌蟹读如螃蟹上声，这种读法用在 sh 母字上比在 j，ch 母字上还更多。同样，有人把入声欲蓄等字不读 yuq shiuq 而读 ruq，shuq 中。

(c) 遮车奢惹的韵音。这类字的韵音高本汉把它归并到 ai 韵里去，因此遮等于斋，奢等于筛。etc Kühnert 把遮车奢的韵音写作 ei（声调符号除外[1]），若字仅写声母不写韵母[2]，查他解释 ei 的音值[3]他说“nicht wie deutsches *ei*，sondern getrennt wie in frz，*reine*。”（不像德文的 ei〔ai〕，是分开来读，像法文 *reine* 字里的音）。其实法文的 ei 亦是一个单粹元音（国际音标〔ε〕）何尝是“分开来读”的。Kühnert 既然把他做譬喻的材料也弄错了，他对于这南京音值的估量恐怕也不可靠了。

照作者的调查，关于这个韵类曾经得到三种音值，就是〔æ〕，〔ə〕和

---

① *Syllabar*，130，131，399 页。

② 同上，362 页。

③ 同上，7 页。

〔ər〕。〔æ〕只有文言才用，因为南京的 ai 韵读〔aæ〕变度极窄，所以这个韵跟 ai 韵是否合并（奢是否等于筛）现在不敢说，高本汉所取的大概是这一种音。〔ə〕是一个很前的〔ə〕，也可以算是一个很后的〔e〕。这大概就是 Kuhnert 所谓 eï 的音。〔ər〕是卷舌韵，只有白话用它，如一条蛇，不要惹他。Kuhnert 惹字不注韵母的写法大概是从这个韵音来的，但这三种区别不是字的不同是读法的不同，所以同是一个字看地方去许有两三种读法的可能。本篇在音值表跟音韵表中都取第二种读法为标准。

三　比较的音韵

上章讲的也有些涉于比较的话，但那还是些不负责任的随便说说的比较。要是真做比较的工夫得把声母韵母，声调全部的分合彼此都算出一个双登式的簿记，才可以算比较的音韵。要在南京的音系上做比较的研究，可以拿它比今，也可以拿它比古。但是比起古来，其中一大部就不是南京音系的研究而变成一般的官话的研究了，例如浊音变清音，韵尾-m 变-n，阳上一部分变去声等等是多数官话里共有的现象[①]，所以这种题目不便放在南京音系里讨论。但是现代标准语的音系是（至少算是）人人应该有的，所以研究哪一种音系总应该拿标准语作为起点的“已知数”，来做一个双发的对照，以下的就是这种比较的研究[②]：

1. 国音南京音声母分合比较表。

分类全同的：b　p　m　f
　　　　　　d　t　—
　　　　　　g　k　h
　　　　　　—　—　—
　　　　　　—　—　—　r

① 关于这个有一个很扼要的说明见 Bernhard Karlgren, *An Analytic Dictionary of Chinese*, 1923, Paris, 序论 9—16 页。

② 关于国音与切韵时代古音的详细的关系看作者调查吴语时的报告，在清华学校研究院丛书第四种：吴语的研究，一九二八出版。所有古音国音声，韵，调的比较都可以在第一表（页 22—26 页），第二、三表（40—61 页），第四表（76—77 页）的题字头看得出来。

分类不同的：(a) 长方表看法：

(表中的字不过是例字，声母相同或相近的用小字，不同的用大字。)

南京＼国音	n	l	ji	tz	j	chi	ts	ch	shi	s	sh
l	农	龙									
ji			京								
tz			精	增	争						
j					蒸						
ch_i						轻					
ts						清	（层）	撑			
ch								称			
sh_i									兴		
s									星	僧	生
sh											声

(b) 双行对照看法：

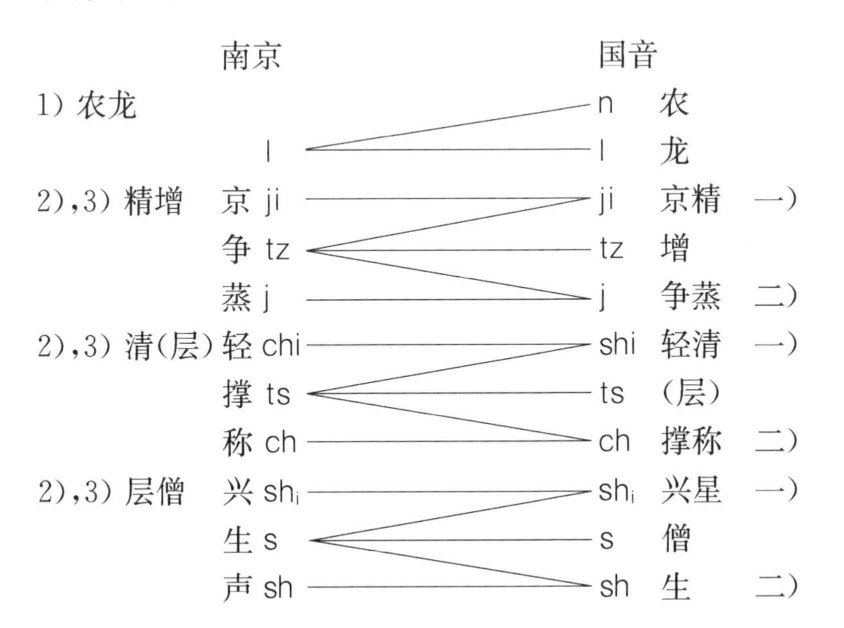

1) 南京l在泥娘母字国音变n,例如奴、年、女。来母字还是l,例如卢、连、吕。

2) 南京tz, ts, s在齐撮字国音变j_i, ch_i, sh_i,例如节、请、须;在闭合字不变,例如再、葱、岁。

3) 古音知彻澄照穿床审禅大半变南京音与国音的j,ch,sh,其中有少数字变tz,ts,s,但在南京变tz,ts,s者比在国音变tz,ts,s者多(但没有天津的多)。最要的例字如下:

蘸争;衬撑初愁,师狮士仕柹事瘦生牲笙省。

南京	tz,	ts;	s
国音	j;	ch;	sh

一) 国音j_i, ch_i, sh_i,在精清从心邪母字变南京tz, ts, s,例如节,请,须;在见溪群晓匣母字不变,例如结、轻、虚。

二) 国音j, ch, sh在第3)条例变为南京的tz, ts, s。

附:邪母平声字国音除辞字用ts音外都用s或sh_i音。但南京在徐祥详寻字还是用ts音。

附:鼠黍在南京是chuu,在国音是shuu,纯唇在南京是shwen,在国音是chwen,刚刚掉个头儿。

以上两条因为例不多,所以没有列在表中。

2. 南京国音韵母分合比较表。

分类不同的:

y	a	ou	el
i	ia	iou	iong
u	ua	uai	uen
iu		iuén(iuan)	

分类不同的:a. 长方表看法(韵相同或相似的用小字,变韵的用大字)

南京＼国音	o	uo	e	ie	iue	ai	iai	ei	uei	au	iau	ian	an	ang	uan	uang	en	eng	in	ing	ueng	ong
o	波	锅	哥		略					郝												
io					学						脚											
e	魄		车			白		北														
ue		国																				
é				写																		
ié				爷																		
iue					靴																	
ai						柴																
iai				街			崖															
ei								美														
uei								雷	灰													
au										高												
iau											腰											
en												天										
ién												烟										
ang													韩	杭								
uang															完	王						
eng																	痕	恒				
ing																			因	英		
ong																					翁	烘

b. 双行对照看法：

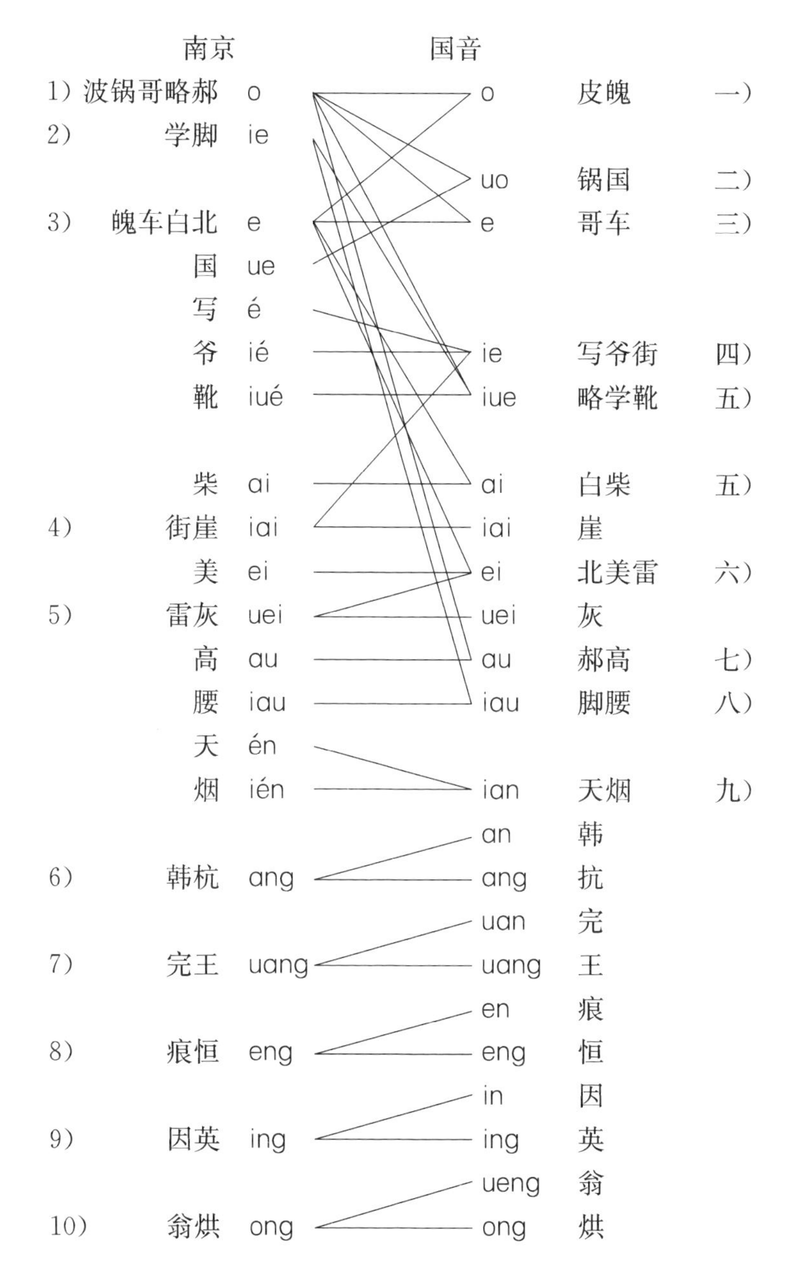

1）南京o在b系声母字（唇音字）国音介乎o，uo之间，省并作o，例如波、摩。

在 d，j，tz 三系声母变国音 uo，例如多、说、做，但略、虐等字变国音用 iue。

在 g 系声母字有锅、果、裹、过、伙、货、火几个常用字音国用 uo，其余用 e，例如哥、科、喝。

在铎药觉韵字国音白话音作 au，例如落、着、剥。

2）南京 io 限入声字。在国音文言用 iue，白话用 iau。例如脚、学、觉。

3）南京 e 麻韵 j 系声母字国音也用一种 e 音，但音值部位较后，例如遮、车、奢、惹。

入声字 b 系声母字的韵音国音在 o，uo 之间省作 o，例如魄、白。

入声字他系声母的韵音国音用 e，例如得、革、舌、贼。

但在陌麦韵一部分国音白话音用 ai，例如拍、白。在德韵一部分国音白话音用 ei，例如黑、贼。

4）南京 iai 除崖的同音字以外，在国音都用 ie，例如街、鞋。

5）南京 uei 除 l 母字（国音 n，l）跟谁字的白话音国音用 ei 以外，其余一样，例如内、雷国音开口，对、退、归、围合口。

6），7）南京 ang，uang 在古-n，-m 韵尾字国音用-n 尾，例如韩、穿、谈；在古-ng 韵尾字国音用-ng 尾例如杭、窗、唐。

8），9）南京 eng，ing 在古-n，-m 韵尾字国音用-n 尾，例如真、深、金、心；在古-ng 韵尾字国音用-ng 尾，如蒸声、京、星。

10）南京 ong 前无声母的，国音作 ueng，例如翁、瓮，其余的一样，例如东、公。

一）国音 o 假如不是南京的入声字，就是南京的 o，例如波、摩、巨、破。

假如是南京的入声，在末、觉、铎韵字母 o，例如拨、剥、莫，在麦、陌、德韵字用 e，例如白、墨。

二）国音 uo 假如不是南京入声字就是南京的 o 韵字，例如我、过、火。

假如是南京入声字，d，j，tz 系的字在南京用 o，例如夺、桌、作，g 系字用 ue，例如郭、阔，但霍、活仍用 o。

三）国音 e 在 d 系声母字，在南京用 o，例如特、测。

在 g 系声母字在陌、麦、德韵字在南京用 e，例如格、克。在铎、曷、合、盍韵字在南京用 o，例如各、渴、鸽。

在 j 系声母字在南京也是 e，平赏去音与入音彩略有不同（看上 I），例如奢、蛇、捨、舍、舌。

四）国音 ie 在 b，d，tz 系声母字，南京用 é，例如灭、列、借。

在前无声母时，南京也用 ie，例如叶、野。

在 ji 系声母南京入声字也用 ie 例如结、歇。

在 ji 系声母南京平赏去字用 iai，例如皆、蟹。

五）国音 iue 在 n，l 母南京用 o，例如掠、虐。

假如是古觉，药韵字南京用 io，例如学、却。

在其余的例南京也是 iue，例如靴、月。

六）国音 ai 假如是南京入声字就是 e，例如白、麦。

假如是南京平赏去字也是 ai，例如拜、迈。

七）国音 ie 假如是南京入声字就是 e，例如黑、北。

南京平赏去字 b 系声母字用 ei，例如杯、美。

别系字用 uei，例如内、雷、谁。

八）国音 au 假如是南京入声字就是 e。例如剥、酪。

在南京的平赏去也是 au，例如高、老。

九）国音 iau 假如是南京的入声字就是 io，例如药、脚。

在南京的平赏去也是 iau 例如要、小。

十）国音 iau 在南京 ji 系声母或没有声母的用 ien，例如见、显、言。

在 b，d，tz 系声母用 én，例如面、点、线。

3. 南京国音声调分合比较表。

a. 长方表看法：

国音 \ 南京	阴　平	阳　平	赏	去
阴　平	爹			
阳　平		拿		
赏			椅	
去				坐
入	缺	乏	笔	墨

b. 双行对照看法：

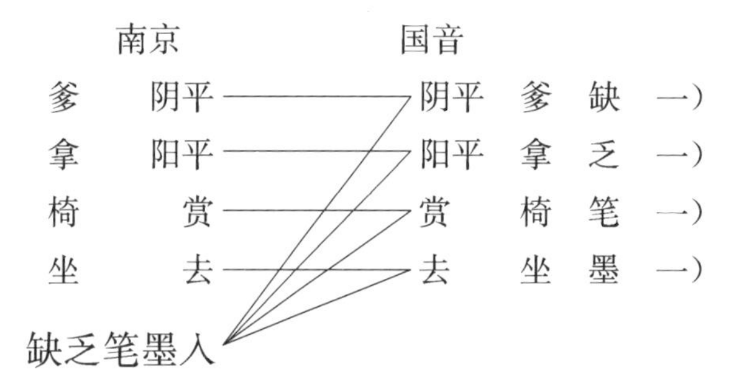

南京入声假如声母是 m，l，r 的在国音作去声，例如墨、纳、力、日。假如声母是旧群，匣、澄、床、禅、定、从、邪、并、奉字，在国音作阳平，例如及、滑、直、毒、杂、别、伏。（要紧的例外或、特、续、读去声）。

其余的阴阳赏去不容易以规则说定。

国音四声的字都是南京入声的可能但可以加下列的条件：

国音 d 系 tz 系声母的字跟 e 韵拼一定是南京入声，例如得、勒、色。

国音的同一字假如文言音读 u，e，o，iue 之一，而白话音读 ai，ei，au，iau，ou，iou 之一的，这一定是入声，例如肉（u，ou），色（a，ai），北（o，ei），药（iue，iau）。

国音韵母有 n 或 ng 韵尾的一定不是入声，例如天、万、东、景。

国音 uai，uei 四声的字没有南京入声，例如外、推。

国音tz，ts，s 跟 y 韵的四声拼的字也没有入声，例如斯、词、死、字。

附:南京与古音声调比较表。

<table>
<tr><td rowspan="3">组
声</td><td rowspan="2">清</td><td colspan="2">浊</td></tr>
<tr><td>次　浊</td><td>全　浊</td></tr>
<tr><td>见 溪 晓 影
知 彻 照 穿 审
端 透 精 清 心
帮 滂 非 敷</td><td>疑 喻
娘 日
泥 来
明 微</td><td>群 匣
澄 床 禅
定 从 邪
并 奉</td></tr>
<tr><td>平</td><td>阴　平
公 书 天 非</td><td colspan="2">阳　平
由人连迷　鞋常头旁</td></tr>
<tr><td>上</td><td colspan="2">赏
敢 整 子 本　咬 忍 里 武</td><td>去
下 上 坐 饭</td></tr>
<tr><td>去</td><td colspan="3">去
过 至 四 破　异 二 内 望　换 树 代 伴</td></tr>
<tr><td>入</td><td colspan="3">入
哭 得 发 式　欲 热 力 物　或 直 夕 拔</td></tr>
</table>

除以上所述条例中已包括者,还有下列的零碎的例外的字:

字	南京音	国音
横	hwen = 魂	herng = 恒
硬	enn = 恩去声	ying = 映
去白	kih	chiuh = 去文
给白	gii	geei
薄荷	poh= 破	boh = 簸
帕	peq = 魄	pah = 怕
剖	poh = 破	poou
粥白	juq = 竹	jou = 周
熟白	shuq = 蜀	shour = 收阳平
六白	luq = 陆	liow = 流去声
绿白	luq = 陆	liuh = 虑

南京音的特点

总结起来，南京音最显著的地方如下：

语音方面：

1）别处的〔ɑ〕音南京念〔ɒ〕。别处人笑南京人说话第一样就是笑他把“家去吃茶”，jia-chiuh chy char 说成了 jio-kih chyq chor. 这个未免形容得过分，但也差不多是这末个味儿。

2）ei，ɑi 两韵的音值作〔əi〕，〔aæ〕，与附近方言的音彩很不同。

3）阴平声念低音，跟天津一样。

以上两点是南京人到外头去的时候自己觉得最愿意遮掩的地方。

音韵方面：

4）n，l 不分。

5）tz，ts，s 可以跟 i-类 iu-类韵母拼。

6）别处的 ie，ien 韵一大半变成开口的 é，én 例如天、边、仙 tén，bén，sén。

7）ɑn，ɑng 不分，例如翻、方不分，谈、唐不分。

8）有（高而短的）入声一种。

9）白话中卷舌韵甚多，而且卷舌韵往往将齐齿变为开口，例如今儿（jing-erl）国音 jiel，南京 gel 或 jel，明儿（minger）国音 mi(ng)l，南京 mel。

其余的地方不跟别种官话特别显著的两样。在上文讲南京音的“性质”的时候已经叙述过了。

以上儿点可以用下列短语代表它：

1）他家插花	〔t‘ɒtɕiɒʈ‘ɒxuɒ〕
2）买煤回来	〔maæməixuəilaæ〕
3）买山真高	〔˪ si ˪ ʂa˜˪ tʂəŋ ˪ kau〕
4）你能理论	lii leng luenn lii
5）性情将就	sinqtsyng tziɑngtziow
6）天边练力	ténbén lénn léq
7）陕官赏光	shaɑng guan shaɑng guɑng
8）七百十六	tsiqbeq shyqluq
9）今儿，明儿，昨儿，后儿	gel，mel，tsorl，hell

附成篇的南京话故事一段：

一　汉字文

有一回北风高太阳在那块辩论那个的本事大；正在吵着，来了一个走路的人，身上穿着一件厚袍子。他们两个人就商量好了说，哪个能先叫这个走路的人脱掉他的袍子啊，就算哪个的本事大，好，北风就用起大劲来尽刮尽刮，但是他刮的越利害，那个人就拿袍子裹的越紧；到后北风没法儿，只好就算了。一刻儿太阳就出来拼命的一晒，那个走路的人马上就拿袍子脱掉。所以北风不能不说到底该是太阳比他的本事大。

二　国际音标

-iəu ·i‿xuəi ˊpɛ‿fəŋ ·kau ˋt'aæ.ıa˜ ·tsaæ·lɒ·k'uaæ ˋpe˜ˋluən -lɒ·ko·ti -pən·ʂʅ ˋtɒ ˋtʂən‿·tsaæ -ts'au·tʂʅ, ‿laæ·lə ·i·ko -tsəuˋlu·ti ‿ʐən, ‿ʂən‿ʂa˜ ‿tʂ'ua˜.tʂʅ ·iˋtɕie˜ ˋxəu ‿p'au·tsʅ。 ‿t'ɒ·mən‿-lia˜·ko ‿ʐən‿ˋtsiəu ‿ʂã.lia˜ -xau·lə ʂ: -lɒ·ko ˊlən‿‿se˜ ˋtɕiau ·tʂə·ko -tsəuˋlu·ti ‿ʐən‿ˉt'ɔ·tiau ‿t'ɒ.ti ‿p'au·tsʅ ɑ. ˋtsiəu ˋsua˜ -lɒ·ko·ti -pən·ʂʅ ˋtɒ。 -xau, ˊpə‿fən‿·tsiəu ˋioŋ ·tɕ'i ˋtɒˋtɕin‿·laæ -tsiŋˊkuɒ -tsiŋˊkuɒ, ˋta˜·ʂʅ ‿t'ɒ ˊkuɒ ·ti ˊyɛ ˋli·xaæ, ˋlɒ·ko ‿ʐən‿·tziəu ˊlɒ ‿p'au·tsʅ -ko·ti ˊyɛ -tɕiŋ; ˋtau ˋxəu‿laæ ˊpə‿fəŋ ‿məiˊfɒʳ, ˉtʂʅ-xau ·tsiəu ˋsua˜ ·lə. ·i ˊk'əʳ ˋt'aæ.ia˜ ·tsiəu ˉtʂ'u·laæ ‿p'imˋmin‿·ti ˊiˋʂaæ, ˋlɒ·ko -tsəuˋlu·ti ‿ʐəŋ -mɒ·ʂa˜ ·tsiəu ˊlɒ ‿p'au·tsʅ ˊt'ɔ·tiau. -so·i ˊpə‿fəŋ ·pu‿ləm·pu ˊʂɔ ˋtau-ti ‿xaæ·ʂʅ ˋt'aæ·ia˜ ·pi ‿t'ɒ.ti -pən·ʂʅ ˋtɒ.

三　方音罗马字

Yeou iq-hwei Beqfeng gau Tayyang tzaylàhkuay bénnluenn lààgohdiq beenshyh dàh; jenqtzay chaoj', laile iqgoh tzoouluhdiq reng, sheng-shanq chuangj'iq-jienn how paurtz. Tàmen leanggoh reng tziow shang iang-hao le shoq, lààgoh leng sén jiaw jeqgoh tzoouluhdiq reng toq-diaw tàdiq paurtz a，tziow suanq lààgoh diq biq beenshyh dàh. Hao，Beqfeng tziow youq-chii dàh jinq lai tziing guàq tziing guàq，danqsh tà guàq diq yueq lihhay，làhgoh reng tziow là paurtz goo diq yueq jiing，daw howlai Beqfeng mei fàlq，jyq hao tziow suanq le. Ikelq Tayyang tziow chuqlai pingminqdiq iq-shay，làhgoh tzoouluhdiq reng mààshanq tziow là paurtz toq-diaw，Sooyii Beqfeng buqleng buq shoq dawdii hairsh Tayyang bii tàdiq beenshyh dàh.

（附国语罗马字）

Yeou i-hwei Beeifeng gen Tayyang tzaynall jengluenn sheirde beenshyh dah；shuoj shuoj shuoj，laile ige tzooudawlde，shen-shanq chuanj i-jiann how paurtz. Tamen lea jiow shangliang-hao le shuo，sheir neng shian jiaw jehge tzooudawlde tuodiaw tade paurtz a，jiow suann sheirde beenshyh dah. Hao，Beeifeng jiow yonqchii dah jinn lai jiin gua jiin gua，keesh ta gua de yueh lihhay，neyge ren jiow baa paurtz guoo de yueh jiin；daw howlai Beeifeng mei fal，jyy hao jiow suann le. Ihoel Tayyang jiow chulai rehrhelde i-shay，neyge tzooudawlde masshanq jiow baa paurtz tuo-diaw. Suooyii Beeifeng buneng bu cherngrenn dawdii hairsh Tayyang bii tade beenshyh dah.

钟山地质及其与南京市井水供给之关系[①]

谢家荣[②]

钟山一名紫金山，亦名蒋山，又名金陵山；今人以山之西部名紫金山，东部名茅山，（在万福寺后峰）而总名之曰钟山。位于南京市朝阳门外，东西延长约七公里，南北约三公里，富于林泉岩谷之胜，有明陵、灵谷寺、紫霞洞、万福寺诸名胜。自总理陵墓建此后，名山风景，更为生色，此后首都人士之来游斯山，以凭吊先总理之遗迹者，必有山阴道上应接不暇之势矣。余于民国十七年春，率中央大学地学系学生，屡来斯山，考查地质，于课余之暇，又偕中大助教王勤堉、沈思玙二君，遍历山南北各地，制为地质平面及剖面图，于构造及地层次序，俱稍有所得。又因其与首都井水供给问题，有密切之关系也，故撮述所见如下，以供留心市政者之参考焉。

---

① 此文系就四月十三日在中国科学社南京社友会之讲演稿而加以修正者。

② 谢家荣(1898—1966)，字季骅，江苏省上海县(今上海市)人。地质矿床学家、地质教育家。中央研究院第一批院士，中国科学院第一批学部委员。1957年被划为"右派"分子，"文革"之初自尽。

1924—1937年，先后任教于东南大学、中山大学、清华大学和北京大学地质系，曾任北京大学地质系主任、清华大学地质系主任。发表《中国中生代末第三纪初之造山运动火成岩活跃及与矿产形成的关系》等一系列论文和著名论著《石油》、《煤之成因与分类》以及《中国之石油》，编制了《中国各种储油区域油苗、油页岩及地沥青分布图》，同时发表《中国之石油储量》，最早提出陆相生油理论，直接导致了中国第一个油田——玉门油田和中国第一大油田——大庆油田的发现。1938—1949年，主持矿产测勘处工作。发现或指导发现了淮南八公山煤田、福建漳浦铝土矿、安徽凤台磷矿、南京栖霞山铅锌银矿、甘肃白银厂铜矿等一批重要矿产。其中在南京栖霞山，一钻成功，如有神助。同时期发表的"铀矿浅说"，则标志着中国铀矿地质学研究的起点。——校者注此次调查，王、沈二君，始终其事，得其助力不少；王君又代绘地质平面图及剖面图，书此志谢。

一　前人研究

最先谈钟山地质者，为德儒李希霍芬氏，于一八六八年来宁调查，名之曰南京砂岩层，而定其时代为上石炭纪。大正二年，石井八万次郎调查长江流域地质，亦曾一顾是山，而定其地层为震旦纪，民国八年，北京地质调查所刘季辰、赵汝钧[①]二君调查江苏全省地质，曾从构造上及系统上推想，定钟山地层之时代为下侏罗纪；但未得化石，故难确证。此次研究，幸获得动植物化石数种，虽保存不甚完美种属或难精定，但钟山地层之应属于中生代，则已确定无疑，由此可证李希霍芬及石井八万次郎二氏之误，并得与刘、赵二君之持论相互发明也。

二　地层次序

钟山地层自下而上，就其岩质之种类，得分为六[②]部如下。

一、黄马青页岩　本层以薄层状之紫色页岩为主，夹以紫色砂质页岩及灰色砂岩：大概下部多页岩，上部则多砂页岩及砂岩之夹层。下部内又有细砾岩三层，岩块俱属石灰岩，大如米粒，不甚浑圆，胶结物亦以灰质为主。顶部与石英质砾岩接触处，则为灰色砂岩，其中夹紫页岩薄层。本层出露于钟山之北坡。尤以其东部自马群至黄马青下五镇一带之山坡上，显露最清，故名之曰黄马青页岩。第一图即示该处露头之剖面，石质软硬不一，故坡面亦凹凸不平，盖受风化之影响也。本层中又有呈侵入岩层状之火成岩，夹于砂质页岩之中，此项火成岩风化后成黄色土壤，紫色岩层，极易分别。本层厚度，据气压计及步计法之约测，共有六百公尺，此数仅自山顶计至黄马青止，若平原中露头一并计算当在八百公尺以上。

二、石英质砾岩　本岩质地坚密，剥蚀最难，造成钟山山顶者，即此物

① 《江苏地质志》，第二十五页。

② 原文为“五”。——校者注

也。倾斜向南或南西，倾角自二十度至三十度山坡之斜角亦然，故二者适相吻合。岩中石砾及胶结物，尽属石英，构结紧密，显受相当之变质作用而成者。砾石大小不一，大者口径可达半尺许，俱磨擦甚光滑，椭圆形及圆形俱有。按石英质坚难蚀，今则所有砾块，尽皆光滑而浑圆可知当时所经过磨擦之时间必甚悠久也。据气压计约测，本层厚达二十五公尺。

三、紫霞洞石英岩及页岩之互层　本层以薄层状褐色或紫灰色之石英岩为主，可分为上下二部：下部中夹黑色砂质页岩，有时含炭甚多，与煤相似，在紫霞洞、覆舟山等处露出最明。覆舟山露出厚约三十公尺，石英岩成层较厚，风化后呈铁锈色，中夹含灰质之黑页岩二层，各厚约一公尺半。此处石英岩，用作南京市铺路石料，在山南各坡，开采甚盛，页岩内含食物遗迹甚多，但保存不佳难资鉴定。石英岩常现波浪遗痕，足为浅水沉积之证；在明陵西北天保城南坡有一处现波痕最清。本层之上部，为石英岩与白色泥页岩之互层，在总理陵墓前，露头最清，该处见石英岩及泥页岩各二层；在上层之泥页岩中，有保存不甚佳之植物化石甚多，似系 Zamites 之类。本层总厚达一五〇公尺。

四、灵谷寺页岩　本层为黄灰及黑色之薄页岩，厚度不详，以出露于灵谷寺附近（在寺西约三百公尺）故名，于黑页岩中采得小介类化石数枚，似系 Cyrena 之一种，与前在湖北[①]秭归县、登子石、沙镇市及石门等处所得者颇相似，其时代或当属上侏罗纪。

五、浅黄色砂岩　灵谷寺页岩之上，为浅黄色厚层状砂岩，石质甚松常成交斜层（Cross bedding）于中部夹细砾岩一层，厚约三公尺，甚松，石砾亦系石英，大小不一，最大者如豆，不甚浑圆，胶结物多土质，此层之上，复有砾石薄片，夹砂岩中，但非整齐之砾石层也。顶部有含长石之砂岩一薄层，长石已多变成高岭土。本层共厚约四五公尺。

六、杂色砂页岩　本层岩质较为复杂，下部为紫色砂岩间以紫页岩薄层，中部有黄砂岩，顶部则为黄灰页岩及石英岩薄层。于页岩中曾采得植物化石，其种类尚未鉴定。全层厚达二百公尺。

以上自（一）至（六）共岩约一五八〇至一七八〇公尺，除最底部之紫

---

① 谢家荣、赵亚曾《湖北宜昌兴山秭归巴东等县地质矿产》，《地质汇报》第七号第五十四页。

色页岩见于钟山北坡外，余皆出露于南坡，而露头最明之处，当为自小卫至总理陵墓沿大道之一段，兹绘其剖面如第二图。

除上述之水成岩层外，尚有火成岩一种，因未磨制薄片其名称尚难确定。观其石英之少，与云母角闪石之多，似属于正长岩一类。分布于蒋庙附近、太平门外及钟山东北坡等处，又神策门、尧化门车站间，沿铁路之地亦有之。产状不一，有呈岩脉者，亦有呈侵入岩层者，后者以在马群西北山坡上最为显著。

钟山北坡之地层，东西两部，颇不相似，东部自马群至下五镇之一段，为质松之紫页砂岩，前已述及。西部岩石，则俱呈灰绿色或浅紫色，自山顶遥望，分界判然。此部石质甚坚常含一种绿色而呈放射状之矿物，似系阳起石，在太平门外里许一侵入岩脉之附近，即可见及。此种情形，显然系受火成岩变质作用之所致也。

三　时代及比较

前述各地层之地质时代，因化石尚未精密鉴定，故暂难论断，但就岩石性质，及小介类化石之存在而论，与湖北西部之剖面颇可比较，兹列表如下。

钟山剖面	湖北西部剖面	地质时代
薄层状石灰岩	薄层状石灰岩	三叠纪
不整一	不整一	
黄马青紫页岩	巴东紫页岩 （内含 spiriferina 化石）	三叠纪
不整一	不整一	
	香溪上煤系	下侏罗纪
石英质砾岩	砂岩及砾岩	上侏罗纪
紫霞洞石英岩及页岩 灵谷寺页岩 （内含 Cyrena hsiangchiensis）	香溪上煤系 （内含 Cyrena hsiangehiensis）	上侏罗纪
	不整一	
黄砂含及杂色砂页岩层	归州系	下白垩纪

最下部之黄马青紫色页砂岩，似可与鄂西之巴东系相比较，而同属于三叠纪，因二者皆位于二叠纪薄层石灰岩之上，且同为一种红色沉积也。

自石英质砾岩起，至灵谷寺与介类页岩止，可与鄂西之上煤系相当，而属于上侏罗纪，因二者皆含有极显著之小介类化石故也。至于在鄂西分布甚广之下煤系，中含煤层石甚丰者，此处竟付缺如。由此可推想江苏钟山层中之煤矿，必无丝毫开采之价值，因上煤系在鄂西亦含煤不多也。

灵谷寺页岩以上之地层，或仍属上侏罗纪，或则属下白垩纪，而与鄂西之归州系相当，以乏化石尚难证明。大致论之，似有与归州系相当之可能也。

四　地质构造

钟山地层中部倾斜向南，东部倾斜向西南。西部则向南而略偏东。地层走向，有逐渐旋转之势，倾角自二十度至六十度不等，平均则在二三十度之间。小卫以北即赴总理陵墓大道之南段，紫砂岩及页岩等，俱斜向东北，其与钟山主脉之地层，似成一向斜层构造。但精细查考此二翼地层之种类，颇不相同，南翼有紫色砂页岩，而北翼则有黄砂岩及细砾层，二者绝难连续。解说之法，可假定先有褶绉，成一向斜层，后复有一断层，遂致二翼地层不但倾斜异向，而层次亦不相对称矣。诚如此说，则南翼当为下推移(downthrow)，而北翼为上推移(upthrow)也(参阅剖面图二)。

北极阁鸡鸣寺等处，有石英质砾岩，倾斜向东偏南，倾角六十二度。自此向东，至覆舟山，为石英岩与黑色砂质页岩之互层，倾斜向南偏东，二者层位既异，倾角又复不同，故知其间必有断裂在也。

五　南京市井水供给问题

南京向无自来水厂，公众所饮之水，或汲之井泉，或取之池塘，其距江近者，则用江水，水质多不洁，食之易致疾病，殊非讲求卫生之道。自国民政府建都于此，南京成为全国政治文化之中心，人口日繁，商业日盛，公众饮水之供给，乃更成为重大问题。夫解决饮水之供给其道甚多，而试掘自流井，利用地面以下之水，亦为一最妥善之法。所谓地下水亦称潜水者，其来源仍自雨水，因其曾渗透数重之岩层将水中浊质尽行滤去，故水质极清，最宜于饮料之用。

（一）自流井之必要条件

自流井之必要条件有三：（一）地层中须有结构松疏，或富于裂缝之岩石，俾能蕴蓄多量之水，是之为蓄水层。（二）蓄水层之上下，当为致密不透水层，如是则水不外溢，而水量乃丰。（三）蓄水层须有相当之倾斜，则潜水顺流而下，其势甚急，一旦开凿，必能乘压力上升，不需抽吸，而能自然流动，此即自流井之定义也。今观钟山地层中，有粗细砾岩二层，颇足当蓄水层之称。而地层中又常夹有不透水之泥页岩，与石英岩甚多，故与前述第一第二两条件皆相吻合。至于地层倾角，俱在二三十度之间，自高下注，压力甚大与第三条件又相符合，故南京市实为一适宜之自流井区域也。

（二）南京市之井泉

考南京市附近井泉，共不下千余处，列其重要者如下：

一、江宁府志云：钟山有泉曰八功德水（水在悟真寺后，洪武间迁寺东麓，旧池就涸），曰东涧，曰玉洞，曰一人泉（建康志北高峰绝顶有一人泉，仅容一勺，挹之不竭），曰道光泉，曰宋熙泉，曰应潮井（井在蒋山古头沱寺后）。以上诸水，惟一人泉在山巅，至今犹在。八功德水世言随志公塔东徙流出，今灵谷寺后泉即是也。

二、万福寺西南数十步有泉，凿塘以储之，供寺中人饮料之用，此泉当自钟山砾岩中流出无疑。

三、紫霞洞附近地层为薄层石英岩与黑色砂质页岩之互层。斜向南二十度西，倾角二十五度，有二洞甚浅，有泉自石隙中流出，源源不绝。

四、胭脂井又作燕支井，亦名景阳井，在鸡鸣山麓景阳楼下，其西三十八公尺，有石英质砾岩露头，斜向南五十五度东，倾角四十五度，井水显自此砾岩层中流出。

五、清凉山波罗山等处，有第三纪砾岩，岩中石砾，大小不一，多棱角。石质以灰岩为最多，亦有火成岩及红砂岩等。清凉寺后院内有六朝古井，波罗山东有黄阳井，闻水质均甚清冽，此二井之水，当自第三纪砾岩层中流出。

六、雨花台上第二泉茶社有泉水二，亦名永宁泉，味甚甘美，泉后即雨花台砾岩层，水当自此中流出也。

七、据南京市公安局调查，全市公私水井共有一六五五口，其各区之分布，列如下表：

区别	公井	私井	共计
东区	七三	九三	一六六
南区	一五四	六〇四	七五八
西区	一二五	一二〇	二四五
北区	一二六	一七五	三〇一
中区	一二三	六二	一八五
共计	六〇一	一〇五四	一六五五

八、鼓楼医院、金陵大学、美国领事馆等，近俱打有洋井，详情未悉。据鼓楼医院报告，谓井深三百尺，水量不多，且含盐质云。

（三）南京市之蓄水层

据前所述，南京市地层足为取水之源者有三：(一)钟山石英质砾岩，(二)第三纪砾岩，(三)雨花台砾岩层。南京市中大多数之水井，俱系浅井，深不过二三十尺，其水源或自砾岩层，或则取诸冲积层，因距地甚近，常有浊物之侵入，水质不洁，未可认为重要之水源也。

（四）井泉之化学成分

据王季梁先生之研究①，南京井泉，当以北极阁下之九眼井及鸡鸣

① 王琎《南京之饮水问题》，见八十五页。

寺之胭脂井最为清冽。中大附近有井十余,俱不甚深,含氯及固体量等较多,其余浅井水质更劣。雨花台泉水,含氯较少,但个体量太多,远不逮九眼井之清。按九眼井、胭脂井之水,显然由石英质砾石中汲得,故此中之水,不但水量丰富,抑且质地清冽,其为南京市惟一重要之蓄水层,盖无疑矣。下表为王君分析之结果。

井名	总固体量	钙	镁	重炭酸根	硫酵根	氯	附记
中大工场	五〇一	二五	二二	一五七	八三	四〇	较深
中大科学馆	六一六	八三	三七	一九八	一〇二	一〇九	同上
中大风雨操场	六一三	五五	二五	二六〇	三四	九四	较浅
中国科学社	五四八	一一三	三四	二五七	一六	六七	同上
前东大附中	九〇一	七五	三七	三一八	一〇二	一四七	最浅
中大浴室后	八六六	一〇〇	三九	三一二	三四	一四三	同上
雨花台	四八五	三〇	三	七〇	八三	二四	
九眼井	三九五	八三	一六	一三八	五四	三〇	
胭脂井	三九二	一一七	一六	一二一	一七	一七	

（五）凿井地点

南京城西部自狮子山起至清凉山止,为巨厚之黄土所盖覆,黄土厚约三十公尺组成低缓之丛山。黄土之下不整合的接以第三纪红页岩及砂岩,在海陵门附近观察最明。又有砾岩层见于仪凤门外。自此南行,至清凉山、五台山一带又为第三纪砾岩及砂岩,此项山层复见于南门外雨花台,不整合的位于雨花台砾岩之下。

据上所述,可知南京城之西部及南部,皆深覆于较新地层之下,其厚不知。此处欲凿井以取钟山层内之水,非极深之井不可也。凿井较适宜之地点,似为北极阁鸡鸣寺一带山前之平地,该处距石英质砾岩甚近,而倾斜又急,高下悬殊,压力较大,于此凿井,或有自流之希望也。覆舟山、富贵山一带山前之平地,亦可凿一二探井,以汲取石英岩裂缝中之水,但恐水量不多,不足应用耳。

至于南京城外适于凿井之地点更多;自总理陵墓南约二三百公尺之

南京及鍾山地質圖

Geological Map of Nanking and Chun Shan

四萬分一之尺

民國十七年四月謝家榮測

Surveyed April 1928 by C. Y. Hseih

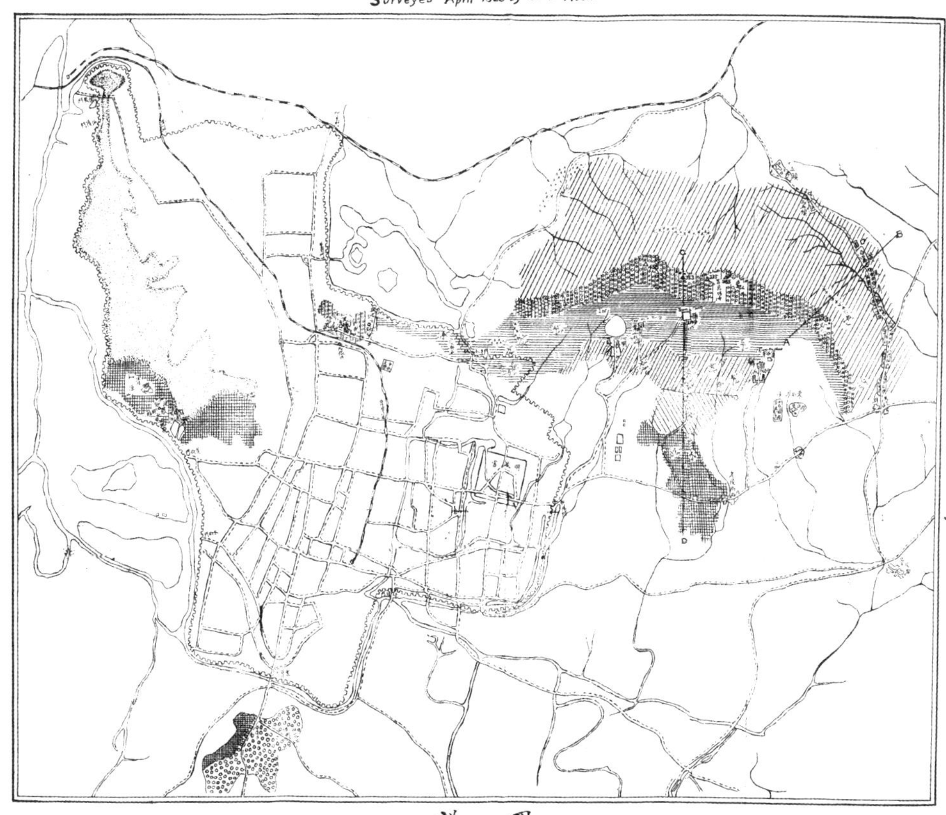

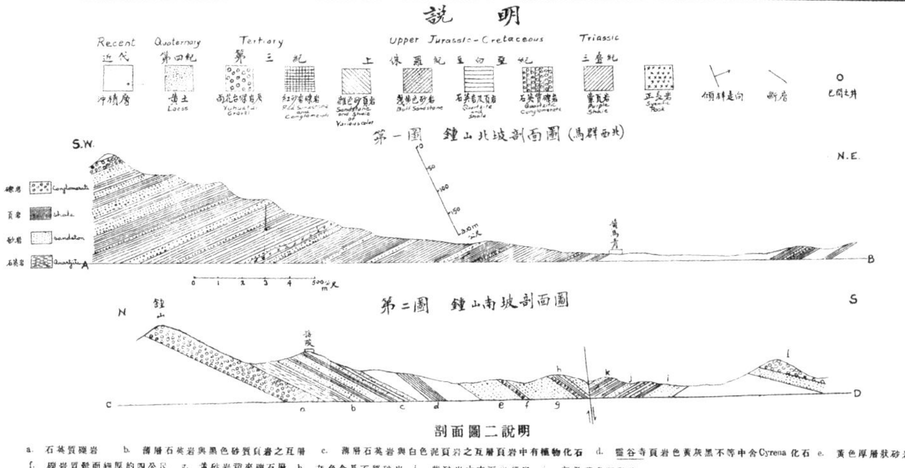

剖面圖二說明

a. 石英質礫岩 b. 薄層石英岩與黑色砂質頁岩之互層 c. 薄層石英岩與白色泥頁岩之互層頁岩中有植物化石 d. 靈谷寺頁岩色黃灰黑不等中含Cyrena化石 e. 黃色厚層狀砂岩 f. 礫岩質鬆而細厚約四公尺 g. 黃砂岩稍夾礫石層 h. 灰色含長石質砂岩 i. 紫砂岩中夾頁岩層 j. 灰及黃色硬砂岩 k. 黃灰色頁岩頂部有石英岩 l. 第三紀礫岩及砂岩層

地，沿东西走向一带之区域，西自明陵东至灵谷寺，皆可凿井以汲取石英质砾岩中之水，此处地位较北极阁等处为尤佳，将来井深恐不能过二百公尺，尚有一凿井区域，在总理墓南约五六百公尺，亦沿东西走向之一带，此处凿井，可以汲取细砾岩中之水，但砾岩上下，俱为砂岩。恐水分散而不聚，其量不能甚富耳。

六 结论

研究南京市井水供给问题，一方面固应详查地质，以定蓄水层之位置及构造，而他一方面尤应开凿深井若干以作实地之施探。因地面观察，无论如何精细，与实在情形，总不免有多少出入也。鄙意南京市政府当立刻实行凿井工作，以应目前之急需。当凿井工程进行之际，凡经过之岩层应详记其厚薄，并请地质专家，精密鉴定，妥为保存。如遇蓄水层，应分别采取水样，请化学家化验，以定其品质之优劣。如是则开凿一井，即可得一井之纪录，可以作后来之参考，亦可供科学之研究，愿有市政之责者加之意也。

南京之饮水问题

王　琎①

一　饮水之净度

饮水关系人生，最为紧要。虽其分布极广，随处可得，但在人口稠密之所，则洁净每不易保持，输运或发生困难。故城市时有因饮水不洁之

---

① 王琎（1888—1966），字季梁，浙江黄岩人，出生于福建闽侯，化学家，中国分析化学与中国化学史研究的开拓者。

王琎早年就读于译学馆。1909年，考取第一批庚子赔款赴美留学生，就读于理海大学并获学士学位。1915年，他与其他一些留美学生一同发起中国科学社，并创办《科学》杂志。同年回国，之后先后在湖南长沙高等工业学校、南京高等师范学校（后国立东南大学）、浙江高等工业学校等校任教，其中在浙江高等工业学校时创建了中国第一个化学工程系。1928年，创建中央研究院化学研究所并任所长。

1932年"一·二八"事变发生后，王琎和中央研究院化学研究所的同事，在实验室秘密研制出爆炸性极强的硝酸纤维炸药，并且雇用一位船工，用小船拖着炸药包炸日本军舰，但船工因紧张而提前引爆，行动失败。当时，王琎还号召科学界人士捐钱支援抗日。

1934年，受化学家艾萨克·科尔索夫邀请，赴美国明尼苏达大学访问，并获硕士学位。1936年回国，任四川大学化学系主任。次年，赴浙江大学任教。其间，先后担任化学系主任、理学院代理院长、代理校长等职，并被聘为部聘教授。

1952年院系调整后，王琎前往浙江师范学院（后杭州大学）任教。1966年12月28日，王琎在杭州被暴徒殴打致死。

王琎擅长经典微量分析。他用古钱分析研究中国古代冶金史，解决了五铢钱和镴的化学成分、中国用锌的起源与进化，以及铅、锡和锌之间关系等问题的争议，成为中国化学史和分析化学的开拓者之一。他首创将化学方法运用于考古学检验古代货币，这标志着现代分析化学学科在中国的建立。

主要著作有《五铢钱的化学成分》、《古代应用铅锌锡考》、《中国古代金属化学》、《丹金术》等。——校者注

故，发生疫疠之事，亦有因运载不便而生水量缺乏之恐慌。在欧美各国，自来水之供给，已成市政中最宜先着手之事务。而环顾我国大城，则有此者屈指可数，而其中办理不善，有不如无者又复不一而足，信乎在吾国言市政之不易也。

凡国内城市之无自来水者，则其饮水供给，自不能不仰仗于附近之天然水，如河水、井水、泉水之类。此种水化学成分相差极远，以为饮料，其优劣殆不可同日语。吾国昔日对于水之选择，皆就经验之判断而定，初无科学之根据。本草纲目所载水之种类极多，其中有天水一十三种，地水三十种。所谓天水者，则有雨水、潦水、露水、甘露蜜之甘平无毒；明水、冬霜、神水（五月五日午时之雨）、半天河之甘寒无毒；腊雪夏冰之甘冷无毒；雹之咸冷有毒；及屋漏水之辛苦有毒。所谓地水者，则有流水、井泉水、醴泉、玉井水之甘平无毒；温泉海水之辛咸热温有毒。推而至于古冢中水、车辙中水、铜壶滴漏水、三家洗碗水、洗手足水、市门溺坑水，亦皆详为品题，论其功效。于此可见昔人对于水之注意，所惜者其中每多无稽空洞之语，不足为讨论各水真实性质之参考耳。

水之适为饮料与否，当视其所含不净物之多寡与种类而定。普通水所含之不净物，大概可分为下列数类：

（1）细菌。水之为人畜排泄物所污者，每含伤寒霍乱诸病菌，足以传布瘟疫，为害最烈，故水之含细菌多者，必不可以为饮料。吾国习惯，对于饮水，必先煮沸后方用，诚杀菌之佳法也。

（2）有机化合物。水中所含之有机化合物，其种类与成分，因地而异，大不相同。惟简单言之，其来源不出于植物之腐败体与动物之腐败体及排泄物，水中细菌之多寡，每与有机体之量成正比例，而尤以与动物质之关系为然。研究水中有机质之化学成分，颇不易易。化学家所注意者，每但求其中所含氰[1]（nitrogen）原质之状况与多寡，以为讨论及判断之根据。大概有机体之由植物腐败体所成者，含氰之成分较低，其由动物腐败体或排泄物所成者，含氰之成分较高。水中所含之氰，又可分为有机性氰与矿物性氰，有机性氰每可以“蛋白性阿摩尼亚”（albumin-id

---

① “氰”今写作“氮”。——校者注

ammonia,简译作脭錏)代表之。蛋白性阿摩尼亚者,有机体经氯[①]化剂(过锰酸钾)之处理,分解所成之阿摩尼亚,可以蒸馏法与碘汞化钾定其量者也。凡地面水之含不易溶之有机体多者,则此部分氧亦多,水之曾经过滤及其他提净手续者,则此成分低。其存在极可为水受秽物浸入之证据。矿物性氧则有游离阿摩尼亚(錏),硝酸与亚硝酸三者。此三物之本身,固无碍于饮水之清洁及卫生,但其存在足以表示水过去之历史。盖水中之有机体,在大然分解之过程中,其氧每先分解而成阿摩尼亚(錏),再受发酵性之氯化,则成亚硝酸与硝酸。故水之含硝酸与亚硝酸特多者。必其固有之有机体含氧较富,如动物之腐败体及排泄物等是也。

(3) 无机化合物。水中所含之无机盐类,种类极多,因其地质之构造,环境之状况而异,普通吾人所注意者为水之硬度及氯之成分。硬度者,谓水含钙镁二金属盐类之程度,能使皂水起沉淀而失其发泡之功用也。故水之含钙镁盐类多者,以之洗涤,极不相宜,惟以为饮料,是否无碍,学者之意见颇不相同。或以为含钙多之物皆有补骨之功用,或则以为使身体各部增加石灰质之拥聚,或则谓多无关系,或则谓钙镁之硫酸盐氯化盐类较其灰酸盐类为害较多,或则谓镁盐类较诸钙盐类其为害较著,疾病为磷块症、喉肿症等,皆谓与镁盐类有关。但各说之证据皆尚不充分故饮水硬度苟非异常高者,则以为饮料,似无大妨碍也。至于氯之成分,则言饮水者,每甚加以注意。因其存在每足以证明该水之曾否受动物排泄物之侵入。盖人畜之便溺,每 100 000 分含食盐 824 分,即含氯 500 分也。惟离海较近之地面水与工厂流出之废水,则虽不受人畜排泄物,而其氯成分仍甚高也。

二　饮水净度之标准

吾人饮水俱须因地取材,不能强定一定之标准,例如伦敦所习用之水曾经过滤者有下列成分[②]。(以下所有各质重量,俱指每水 1 000 000

① “氯”今写作“氧”。——校者注

② P. F. Frankland, J. Soc. Chem. Ind. 1885.

分所含之分数)：

被溶之总固体量	錏	有机氧	硝酸与亚硝酸氧	氯	总硬度	每cc.之细菌量
300.4	0	0.27	2.89	19	197	0

(以 $CaCO_3$ 计算)

上海自来水厂之水则有下列之成分[①]

总固体量	錏	有机氧	硝酸氧	氯	硬度	每cc.细菌量
166	0.010	0.072	0.69	24	90	略有

以上二者用为饮料，俱尚相宜。如欲为简单之比较，以定水适饮与否，则可用下数目[②]。

水之优劣	硬度	氯	氯化硫	有机质
净水	45～135	小于15	2～5	小于1
可饮水	225～270	小于40	8～51	大于2
可疑水	大于270	小于100	大于51	3～4
劣水	大于1 000	大于100	大于85	大于4

如但执上数，以评判水之优劣，未免过于简单。欧美各国俱有拟定之标准，以资比较。为数较繁，今不具引[③④]。

南京饮水之供给[⑤]

南京位置于长江之下游，其地河道颇多，雨量亦足，故饮水供给，本无不足之虞。惟因城中浅水井极多，复加以河塘罗布，取水者与卖水者每不加选择即以之供给居民，故吾人所饮用者，每多劣品，虽经煮沸之后，每仍苦涩不堪入口。而关于卫生之是否相宜，更无暇论及矣。今将南京所常用之水，就其化学成分之不同，略行讨论其品质之优劣。所举

① 上海工部局报告1921年。

② Nymstrom 新常富《关于山西水之分析》，*China Journal of Science and Art*.

③ 参观 *Standard Method of Water Analysis*，A. P. H. A.

④ 参观《科学》十一卷六期赵燏黄《嘉兴东栅镇河道饮料水试验报告书》。

⑤ 东南大学化学系同学研究。

各数目极为简略，且未必甚属精确，间亦有相差颇远者，但观察者不止一人，实验不止一次，颇信该数目中有足以代表各种水在一定时期内之化学成分，而足为讨论之根据也。

（A）江水。南京所常用之饮水，而共认为佳品者，厥为江水，江水初取时虽现混浊状况，然澄清之后，或略加礬[①]后，即清明可用，且无苦涩之味。江水之来源，为取诸下关长江中以火车运至督军署车站，然后分布各处。或则取诸通济门东关头，实则淮水也。淮水以城外九龙桥所取者为最佳。其化学成分尚未研究，当与江水相差不远。今将所曾经分析之江水化学成分，择其可比较者附录如下：

（表一）

号数	浮游不溶物 suspended matter	能溶物之总固体量 total solids, soluble part	钙 Ca	镁 Mg	铁铝等以氯化物计算 $Al_2O_3+Fe_2O_3$	重碳酸根 HCO_3	硫酸根 SO_4	氯 Cl
(1)	—	169	53	11	7	58	16	8
(2)	980	180	113	21	21	71	—	13
(3)	800	278	56	12	46	84	—	9
(4)	656	148	52	10	32	—	35	8
(5)	396	265	59	10	46	90	24	20
平均数	708	208	66[②]	13	34[③]	76	25	12

由以上之表观之，则知江水之氯成分甚低，可称净水。其硬度如以钙，镁，碳酸根及硫酸根计算，则约为 178，亦可称为净水。虽其浮游物较高，然除去较易，无碍其为饮料，故南京如不置自来水厂则已，苟置水厂则必以江水或淮水为原料，而厂之地点，或在下关，或在通济门，或在水西门，皆甚相宜也。欧美各国之饮水供给，亦多有倚赖河水者。江水之净度，在河水中不得为劣。美国河水之较清者为黑德森河（Hudson

① “礬”今写作“矾”。——校者注

② 应为 67。——校者注

③ 应为 30。——校者注

River)，其最浊者，当推古赖渡河(Colorado River)，今将此二河水之成分比较如下[①]。

河名	浮游物 suspended matter	能溶物之固体量 dissolved solid	钙 Ca	镁 Mg	铁 Fe	重碳酸根 HCO_3	硫酸根 SO_4	氯 Cl
Hudson 黑德森河	16	108	21	3.8	0.15	73	16	4
Colorado 古赖渡河	10 580	707	92	23	—	230	180	130

持江水与以上二水之比较，则见其虽不若黑德森河之清，然胜于古赖渡河则远甚，大概与美国密西西比大河(Mississippi River)比较则甚相近，而可为饮料也。

(B) 塘水。南京江水因须输运之故，取价略高，求便者或以塘水代之。盖江宁城内池塘极多，艺园圃者，每赖以作灌溉之用。其水之本质，原属雨水汇聚而成，矿物质当不高，但因其停滞不流之故，众秽所归，故其所含之无机体量及有机体量皆多，且为细菌繁殖之所，极不适宜为饮料。今略举塘水之化学成分数例如表二。

(表二)

号数	浮游物	能溶之固体	钙	镁	铁氯	重碳酸根	硫酸根	氯
1	11	922	140	31	34	190	151	122
2	20	936	144	84	8	220	177	129
3	30	904	160	33	6	230	205	132
4	25	914	176	36	15	250	318	125
5	—	1 071	197	36	16	240	230	128
平均数	22	980[②]	163	34[③]	16	220[④]	218[⑤]	127

---

① *Water supply papers*, U. S. Geol. Survey.

② 应为949。——校者注

③ 应为44。——校者注

④ 应为226。——校者注

⑤ 应为216。——校者注

由以上之表观之，则可见塘水所含之盐类及其余不净物，除浮游物外，无不超过江水数倍。就其钙、镁、碳酸根、硫酸根四者以计算硬度，所得之数，约为572，实属过高。其含氯量，亦复甚高。故与标准数目相比，不得不谓之劣水也。

(C) 井水。南京井水极多，目下当局且拟多凿自流井以备用，将来或可多得较佳之井，惟就目前所有者观之，大概城厢一带，浅井实居一大部分，此等井最浅者不过一二十尺，较深者亦不过三四十尺，其成分殆与塘水无大区别。

（表三）

井名	总固体量	钙	镁	重碳酸根	硫酸根	氯
中大工场	501	25	22	157	83	40
中大科学馆①	616	83	37	198	102	109
中大风雨操场	613	55	25	260	34	94
中国科学社	548	113	34	257	16	67
前东大附中	901	75	37	318	102	147
中大浴室后	866	100	39	312	34	143

例如中央大学附近一带，即有井十余，除北极阁下之九眼井，素以清冽著名外，其余俱味涩不可饮。今将其紧要成分，曾经调查者列表如第三表，亦可借以观其净度矣。

以上数井，上二井较深，下四井较浅，而附中及浴室二井为尤浅，其深者净度较佳，其浅者成分与塘水不相上下，不能定其优劣。至于井水味之较佳者，例如雨花台井水、胭脂井水、九眼井水，其成分约略如第四表。

（表四）

井名	总固体量	钙	镁	碳酸根	硫酸根	氯
雨花台井水	485	30	3	70	83	24
九眼井水	395	83	16	138	54	30
胭脂井水	392	117	16	121	17	17

① 此井取水时工程未竣，其成分或未足代表该水之真相。

以上三井，虽尚未充分研究，但就所得之结果观之，已可见其较普通浅井水为清。然较诸优美之泉水，则仍不无愧色。故就目前所知者而论，南京井水中实无极佳之饮料水也。

(D) 各水之含氧量及有机体量，各水之含氧量之曾经检查者较少，且该量在水变迁较易，故所得结果，愈难以代表水之真相。至于水中所含之有机体，则以求其氯之消耗量为根据(用过锰钾溶液滴定)。今将所曾经检查者所得之结果列表如表五(下列数目亦以百万分计算)。

(表五)

水名	江水	九眼井水	雨花台井水	胭脂井水	塘水
需氯量	8.5	1.22	5.08	5.25	10.2
游离錏氧	0.044	0.010	0.018	0.020	0.242
蛋白性氧	0.177	0.450	0.130	0.680	0.580
亚硝酸氧	0.021	0.044	0.080	0.024	0.342
硝酸氧	0.50	0.78	2.91	1.44	1.15

以上数目，俱嫌过高，然综合观之，则塘水为最劣，固昭昭明甚也就其余数者比较观之，则九眼井水为最佳，而江水次之也。

结论

由以上之简单试验与推论，吾人对于南京之饮水问题，可作下列数条之评判。

(1) 南京城内塘水，成分极劣绝对不宜为饮料。

(2) 南京之浅井水，其成分与塘水极相似，亦不宜为饮料。

(3) 南京井水中亦有较清洁甘美者，但其量不足以供给居民。

(4) 南京饮水之供给，以江水为最相宜，惟必加以人工之处理，于减少其浮游物与有机体量，方极合用故南京自来水厂之建设殆不容缓。

(5) 各水之微生物量虽未经检验，但就化学成分推测亦可决定塘水含细菌最多，浅井水次之，而江水及深井水又次之也。

雨花台之石子[①]

张　更[②]

绪　言

石子随地有之，而雨花台石子之名特著，此岂无故也哉。盖吾人之所习见者，不过圆体石子而已，既无特殊之点，可以起学者之注意，而又随溪流滚下成为确荦之状，无离奇之彩，可以供游人之赏玩，故往往忽之也。若夫雨花台石子光泽晶莹，灿烂夺目，具有圆圈带纹水波螺旋以及其他种种莫可言状之构造，其色或白如玉，或红如硃，或黑如漆，或蓝如翠，或紫，或灰，斑驳相间，掩映成美观。所以玩爱之者，不惜昂价而罗致之几席之上，宜乎游览兹山者靡不采掇以归也。兹山周围数里，高数百尺，其上散布石子。此石子究何从而来，覆置于高山之上。在地质学未发达以前以及今之乏地质学识者，实百思而莫得其由也。前人对于雨花

---

① 前东南大学地学系学生，地质调查所学生奖学金当选论文。

② 张更(1896—1982)，字演参，中国石油地质学家、矿床学家。1896 年 12 月 6 日生于浙江省瑞安县北区卢浦村。1922 年，考入国立东南大学地学系。1928 年，成为国立中央大学地学系的第一届毕业生，毕业后到两广地质调查所工作。1929 年，调中央研究院地质调查所。期间，他调查了大量金属和非金属矿床，写出了许多有价值的论文。1934 年，他考入美国哈佛大学，成为世界著名矿床学家林格仑先生的学生。1936 年回国，任南京中央研究院地质研究所研究员。1941 年，任重庆沙坪坝中央大学、重庆大学等校地质系教授兼系主任。

1953 年，北京石油学院成立，张更参加了建校工作并任地质系主任。

主要论著有：《南京雨花台砾石层》(1928)、《浙江平阳明矾石矿》(1930，合著)、《安徽铜陵县铜官山之磁矿床》(1933，合著)、《湖南临武香花岭锡矿地质》(1935，合著)、《湖南江华的独居石》(1941)、《锡矿与钨矿之成矿之先后问题》(1944)、《陕北盆地》(1952)、《略谈四川油气田》(1958)，还主编了《石油地质学》、《中外油气田地质学》两部教科书。——校者注

台石子疑猜横生，各就其臆想所及而推其生成之理，绝无一当也，此层石子体积大小不一，堆聚于红砂岩之上，在方山地层观之，非常清楚。地质学家称此层为雨花台层（Yühuatai formation）。凡他处石子层其地质情形与此有相同关系者皆加以此名称，以表示其在同一时期，同一环境之内而成。其他不同环境不同时期者，与此有别也。石子层亦不多观。其所以他处无之而此有者，非人工亦非神力所致，必有原因在焉。其成因若何吾人若推测其来源，其地形如何，环境如何依地史而断其时代，并考究其附带关系之点，则其生成之难题，可迎刃而释矣。予今所欲研究者，即在于此，因以雨花台之石子命题。

照片一　雨花台风景

雨花台之位置及其历史之关系

雨花台在南京城南，离聚宝门约一里许。若依经纬度而言，南京在东经一百十八度四十七分，北纬三十二度五分。雨花台离城不远，其经纬度几无相差之可言故辄可以南京之经纬度表之，雨花台古称石子岗即由于产石子得名。安德门外有长陵俗名小石子岗，亦产石子，加以小字，以别于雨花台也，石子多为玛瑙石（Agate），玛瑙石世人宝之，此山产之特富，宜若宝藏聚于兹山，因又名之为聚宝山。以此为宝，亦足见其少所见而多所怪也。惟雨花台之名，始于何时，今已不可考，相传梁时有云光法师坐山岭说法，天雨花，后人因称之为雨花台云。山侧有高座、宝光、永宁等寺，山巅有方亭。永宁寺侧有第二泉，泉清水洌，茶味芬香。东麓有方正学先生墓及日本人火葬处，凡游此者，莫不往观之。居民以石子为业者，无虑数十家。往往采拾盈筐，尾游客而乞售。石质劣而价贱，其罗列待售者，价极昂贵，一颗小石，或至求价一金，其居奇可知矣。山为城南要险之地，登其巅可望全城，与紫金山有相与犄角之势，兵家必争之地也。昔曾国荃围困南京之时，驻兵于此，而覆太平天国。

雨花台之地层

雨花台地层，就考察所得，其上无别层岩石以掩盖之，其下为红砂岩层。红砂岩层之斜向(dip)约为北二十一度，其走向(strike)为北东二十一度有半。石子层之斜向走向因无确实证明，不能予以决定。红砂岩色甚红，砂子细匀，硬度尚大。锤击之，不易破碎，其已受风化作用者，质甚松脆，捏之即碎，中含第二氯化铁(fcrric oxide)，故其色红。傍近冈上都为此种砂岩，无石子层覆于其上，盖已因剥蚀作用而去也。其入地中甚深，无底层可测，其厚度若何，未有确实报告，兹付阙如。

照片二　红砂岩层摄自西麓路傍

石子层在山之巅，石子与砂砾夹杂存在，其色稍黄。石子虽有大小之不同，大概皆无棱角，略带圆形，或成扁圆，或成椭圆，其十分圆润者极少，几等于无有也。小者夹存于大者相叠之间隙内，更有砂子充塞于其中，大者之沉积于此，盖因水之运送能力至此已达极限，不复能胜负带之任。小者及砂子为其同时由水冲来之物，本可至于更远之地，因其落入于大者间隙之内，受其遮阻，故存在于其间，不复至远处。其斜向走向既不能确定，厚度亦无从测量。只得缺之。因采石子者之

照片三　雨花台层摄自第二泉后

挖掘与水流冲洗之关系，石子与砂日向山下移徙，只恐数千年之后，石子将不复有存在者矣。

雨花台之西南一谷内有极大玄武岩(basalt)数块，重量若干不可计算，全是天然状态，未有人工琢凿之痕，留于其上，显系天然遗下之物，必非由人搬运而来者。又有数块，体积较小，已充筑路之用其上多孔，一见即可知之，此玄武岩块，似与现在地质无甚关系，然一思其所以遗留于此者，决非无因。大概昔日玄武岩覆盖于雨花台层之上，面积极广，后经风化剥蚀作用而刷去玄武岩层，致雨花台层暴露于外，雨花台层极为疏松，一经雨水冲洗即移徙而去。寖寻至于现在，只留雨花台山谷内数块玄武

岩及山顶数十亩面积之石子而已。此说也，人或疑之；然试一考察江宁方山及六合方山等处之地质，则益信而有征，庶知此言之不谬也。

雨花台地质与邻近各处地质之关系

雨花台地质如前所述，只有雨花台层及红砂岩层可见。前者在上，后者在下。除此二层之外，无他露头可见。现在只有用比较方法以推之，庶几可得确实之证明焉。离雨花台西南六里之长陵（即小石子冈在安德门外），石子散布于其地与雨花台相似。就其地层考之，与雨花台层有同一时期生成之物，亦曾经剥蚀冲洗诸作用而余留者，其遗留石子比雨花台更为稀少，但吾人可信其当时情形与雨花台无异。

尝至方山，其地在南京南偏东，相距约四十余里，远望之，其山如案。山顶平铺玄武岩，面积仅数方里。其东麓山谷内有极明了地层可见。最

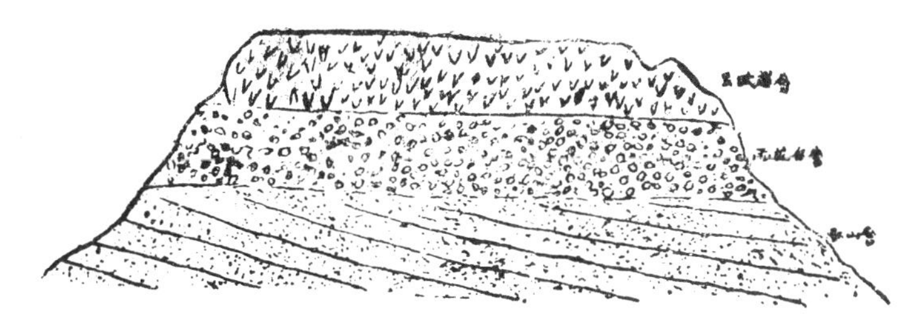

第一图　南京方山之构造简图

上为玄武岩层，下为石子层，渐下为红砂岩层，又下则深入地底不可见。其石子层与雨花台石子层是同一时期生成之物，故称为雨花台层。其红砂岩层与赤山红砂岩是同一时期生成之物，故称为赤山层。雨花台地层与方山相似。所不同者只雨花台之上无玄武岩也。然推想其在极早时期，玄武岩未剥落以前，当与方山相似。再推广而言之，即北至六合之北，南至南京之南，东过仪征句容，西界安徽，数千方里之地均掩覆于玄武岩之下。而玄武岩下大概均有石子层存在，而今之保留或否，全视乎剥蚀作用程度之如何以及岩石本身抵抗能力之如何以为差等。若再经久长岁月，则恐玄武岩去尽，石子层复去尽，而独留红砂岩层于地面矣。方山之雨花台层厚度约三十六公尺，其中又可分为数层。但雨花台之石子层散布于山坡之上，已无层理可言虽第二泉后有垂直切面，惜乎其范

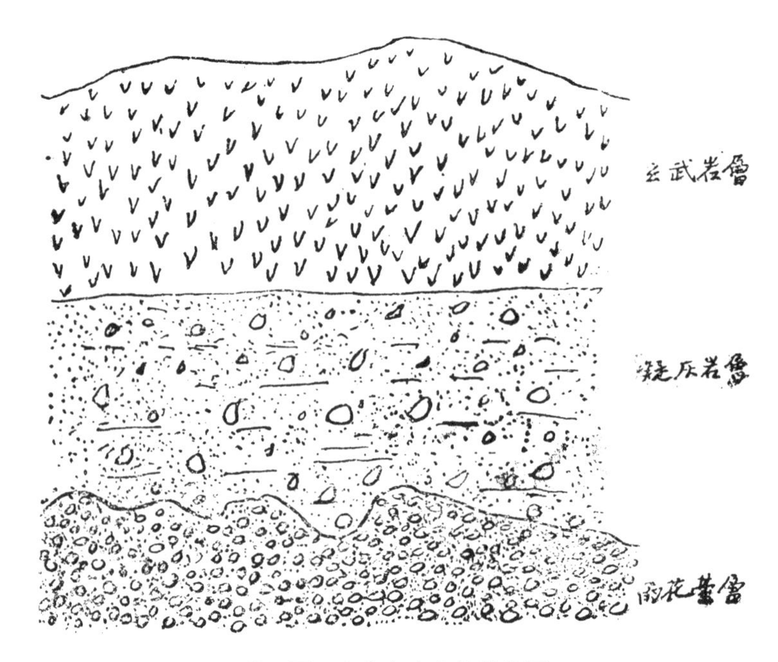

第二图　六合方山之构造简图

围太小矣。

六合之方山亦有雨花台层，其上覆以火山质凝灰岩，更上则为玄武岩，其下赤山层未有露头可见。其雨花台层与凝灰岩及玄武岩之地层关系可于第二图见之。

六合之灵岩山亦有雨花台层。分布于红砂岩之上，其上为火山质凝灰岩，更上为玄武岩，其顶有垆坶。雨花台层在其东坡厚达二十五公尺，在西坡则仅五六公尺而已。雨花台层与其他地层之关系如下图：

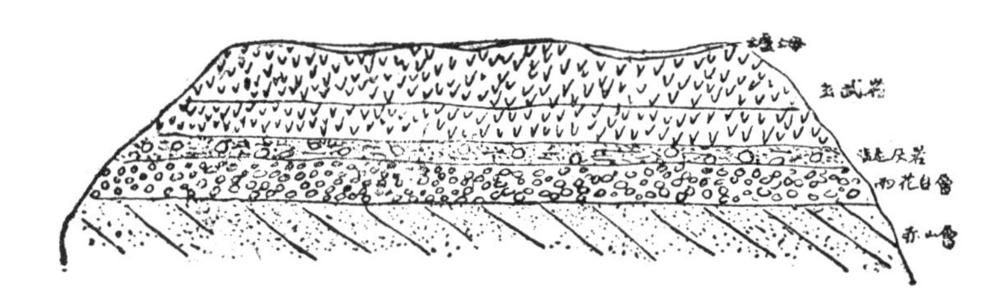

第三图　六合灵岩山之构造简图

句容赤山之地质缺少雨花台层，玄武岩直接铺覆于赤山层之上。此盖由雨花台层完全被剥蚀冲洗作用之后，始受玄武岩流掩没也。但推想其未经剥落以前，其地质关系，当与方山、灵岩山无异。

观上述几处，除句容、赤山外，均有石子层存在。江南江北同此情形。想石子层未冲去以前，南京、句容、六合、仪征等处，俱被石子掩盖无疑，及经剥蚀冲洗风化种种作用之后，年长月久，所以零落无多耳。而此数处得以保留者，全赖玄武岩掩护之功，苟无此坚硬岩石以掩护之，则早已归于乌有矣。

雨花台之地史与地形

雨花台之地质历史，以未有发现化石，所以难决定其时期。尚幸附近地质有明晰之层次。故可就其相当地层以推定其地文历史。兹将附近之方山言之。其地离此不远，地层极为完全而明显。曾由刘季辰、赵汝钧二先生考察，决定其下层红砂岩属赤山系（Chihshan formation），是白垩纪上期（Upper Cretaceous）之沉淀物。红砂岩层之上为砂砾层，属雨花台系，是始新统（Eocene）之沉淀物，与雨花台石子是同一时期之物。最上为玄武岩是渐新统（Oligocene）之物。（方山地质图见前）雨花台地质既与方山地质相同，其相当层之岩石成分又复相似，则可以定雨花台之红砂岩亦是白垩纪上期之沉淀物，其石子层亦是始新统之沉淀物。此种沉淀物都带陆相，可见其当时沉淀必不在远海深水之中，而在海边浅水之内。红砂岩层与砂砾层是不整合（Uncomformable）。可知雨花台未沉积之先，红砂岩层已暴露于外，受风化剥蚀诸作用，致使上部削刷，其后复没于水面之下，雨花台层乃得沉积于其上。当时南自南京之南，北至六合之北，东过仪征、句容，西尽苏、皖界上，皆为雨花台层所掩覆，因其为水成沉积物，其表面应甚平坦，地形亦必低下。且就玄武岩分布，亦可推想而知之。玄武岩喷出之时是熔融之质，流向各处，趋于低下平坦之域，虽流播之地略有高低之别，大概无甚差异。就现在残留玄武岩之厚度观之，自五六公尺至百余公尺不等。即此可知平坦地形之中亦有高低之分焉，然决不如今日玄武岩所覆盖诸山独立突屼而崔巍也。自玄武岩流漫布之情形推之，其无砂砾层及玄武岩层之山，当时地势已不低矣。就地文历史推之当侏罗纪（Jurassic）之末，造陆运动极为激烈，中国南部海水已逐渐退去，陆地已渐露出，斑岩（Porphyry）随之喷发，苏、皖界上诸山，亦于此时告成，因其濒于海滨，故适为赤山层及雨花台层所沉积。后为玄武岩流淹没，结成硬壳，玄武岩流初为液体，其结成之表面当极平坦，地势当极低下。后因地盘上升于是前所谓低下者，今则巍然成山，然证诸今日，地盘尚有上升不已之情势焉。

石子之岩石成分

雨花台层之岩石成分非甚简单，其石子有为玛瑙石者，有为砂岩者，有为石英岩者，有为砾岩者，有为斑岩者。其中以石英岩石子为最多，玛瑙石次之，砂岩及砾岩之石子又次之，而以斑岩之石子为最少。斑岩石子多已风化，只可于崖坎之上见之。其形亦圆，上有白色斑点，此为其中长石（feidspar）化为高陵土（kaolin），挖之即成粉碎，未有保存成坚固块状者，石英岩，砾岩之硬度比斑岩为大，且不易风化所以能经受长距离运送，仅能磨去棱角，不致破碎。斑岩既易破碎，又易分解，今雨花台竟有此石子，则其来源非远，可想而知之。或说此处有闪长岩（diorite），予去采集数次，未尝得之。果有之，想亦比斑岩石子为更少矣。

石子之构造及体积

雨花台石子形虽圆，然非正圆，有仅磨去其面上角尖者，有作弯形者，或扁而长者，或椭而斜者，各种状态，鲜不毕具。惟玛瑙石上生有线纹或黑或白或红或褐，与石英质相间，状甚美丽。其纹线有平行者，有弯曲者，有水波纹者，有圆形或椭圆形者，此等纹线生成，由于石英质与不纯粹物质相间沉淀所致。当其沉淀一层石英质，即有含炭质或铁质之石英质来沉淀于其上，其后再有纯粹石英质沉淀一层，复有不纯粹者沉淀一层，展转相仍，愈积则层次愈多，而纹线愈复矣。其后崩解，经过水之运送作用，磨蚀其棱角成为圆状，因磨蚀之角度与其平面有不同，故成各异之构造。

其中石子体积最大为直径约十三公分，最小者，直径约二公厘，其小于二公厘者则称为砂子，大概由于石子在运送时互相碰擦破碎而成，其来源与石子有关系，惟其体积极小，运送时不易磨去其棱角。所以若依砂之圆度以决定其来源之远近，实在困难，兹姑略之。石子之直径既自二公厘以至十三公分。其中亦可就其体积分为中漂砾、砾及细砾等名称，现在因便利起见统称为石子。石子大者以石英岩石子为最多，砂岩及砾岩之石子次之。玛瑙石最大者不过六公分，自六公分以下至二公厘者，以玛瑙石及石英岩石子为多，砂岩及砾岩石子为少。统计之，若以体积为标准，则石英岩石子为最多，玛瑙石次之，砂岩及砾岩石子更次之，其如斑岩石子者。则寥寥矣。

石子体积之大小与运送距离之远近甚有关系，石子由水拖曳而下，与地面相碰擦，与石子自相打击。如其碰擦打击之机会愈多，则石子愈碎，所以经过极长距离之运送，鲜有大体积石子可以保存者。又岩石之硬度亦与石子之体积甚有关系，其硬度大者，虽经碰击，不易致碎，其硬度小者则反是。且硬度与石子之圆度亦有关系，因其能耐受强烈之撞击与磨擦，故须有久长时间方能成圆形也。

石子之来源

雨花台层是陆相沉淀物，一定沉积在海滨浅水之内。依南京附近地质观之，在始新统之前东为海，西为高陆，石子之来当自陆向海，自高向低；究竟在高陆何处，是否此处尚有岩石遗留，足以为石子之来源证明者。若能解决此问题，则石子之来源不难得之矣。兹分别讨论之。

欲知其来源在西部高陆，非就雨花台层未沉积以前之地史及地形考之，则恐不易为功。考中国南部长江流域诸省，在侏罗纪已露出水面。自白垩纪之末至第三纪（Tertiary）前半期褶曲作用大盛，山岳都于此时告成，江苏西部诸山大都造基于此时矣。现在登高一望，江北诸山为苏皖天然之界线，西南诸山俨若屏障，若就现在地形观之，则六合诸山之石子层当自其西山上而来，南京附近之石子层当自西南山上而来，其初连成一气，后为剥蚀作用所割断。此等山受过风化作用，岩石崩解，由水运送以达于雨花台等处。当水挟带岩石之时，因地面斜度减小或水流面积增加之关系，水力因是衰弱，不能胜任，故卸下石子。此种石子经过长距离之滚转，失其棱角，成为圆形，以现在地形，观之，除西南诸山之外，其可为雨花台石子之来源者实不易得也。此等山离南京附近雨花台层沉淀之区，若自西南向东北计之，近者数里，远者数十里以至百里许，再东则石子层间断不见。其所以不能再远徙者。石子之体积粗大而水力有限故也。或谓石子由长江运送而来。此说也予尝疑之,夫长江运送石子固有可能性,长江发源青海,汇西藏高原东部诸水而下。其中挟带石砾砂泥,不可胜数,其沉淀也,当可得极厚之地层与极广之面积,此为长江生成之后,其所经流之处,应有之沉淀物也,但长江经流于巴蜀盆地及湖广盆地乃东下江苏而后入海,其自西藏高原东部带来之石砾沙泥,一至巴蜀盆低地,因地势骤变平易,水流由激急而成为和缓,水之负带能力因之大杀,于是尽卸其所负带之物,即有一部分极细砂泥随之俱下,然其为数亦稀矣。及其出巴蜀盆地,复经川东,水势变为激急,剥蚀侵削作用大盛,其河床内岩石受其侵蚀而供给以石砾沙泥等物。及达湖广盆地,地势之斜度骤减,水流变为和缓,其所带来物质亦必尽数卸却而无余。洎出湖广盆地,水流迟滞,负带能力当然甚少,其中负带之物,除细小沙泥外,必无有粗大物质如石子者,可想而知之。此雨花台石子由长江带来之说,未足信者一也。假设长江有沉淀石砾之可能,然自六合之北以至南京之南,地隔百余里,安有江口如此之阔大哉,即使江口有此阔度,岂有水力如此之足可以运送直径大十三公分之石子者耶,此其说未足信者二也。有此二端,足以破石子由长江带来之说,而决定其来自西南山中也。

西南诸山既可信其为石子之来源,其上岩石如何,应有研究之必要,如其山上岩石与雨花台石子之岩石成分相同,则石子来源即可证明,否则当别有在也。江宁西南诸山,其地质曾经调查者有云合山、英山、林盘山、静龙山、牛首山、白头山、凤凰山、髻山等,云合山及凤凰山是钟山系石英岩属下侏罗纪。英山、林盘山、静龙山、牛首山、白头山及髻山是斑岩及凝灰岩(tuff)属上侏罗纪。且静龙山及牛首山皆有侵入岩(intrusive rock)并有石英岩露头。雨花台如前所述有石英岩、砂岩、砾岩、斑岩等石子,今西南山上有此等岩石,则来源在此无疑矣。石英岩石子当来自石英岩,斑岩石子当来自斑岩、砂岩,砾岩石子当来自砂岩、砾石。西南山中,砾岩极少,盖因其大多数剥刷而去,无复存在者,砾岩是白垩纪之物,其生成时期后于斑岩,应叠积于斑岩之上,西南山上其初实有此种岩石存在,后受风化作用,复因水流冲洗,其岩石都已作雨花台层之原料矣。砾岩在钟山及幕府山上可见,因其叠积于斑岩之上,所以经过剥蚀,砾岩先尽,以后剥蚀作用及于斑岩层，迭降至石英岩层，惟在正断层面上则各系岩石有同时剥蚀之机会，所以石子层之内成分复杂。又以其先剥蚀之岩石堆聚于山厘附近与后之剥蚀者同时受水流运送，达于沉积之地。此亦石子层内成分复杂之一因也。就其复杂成分，可以反证其来源处有多种岩石。

石子之成因

雨花台有许多种岩石之石子，既如前述，又石子之来源亦已决定，其生成原因不难知之矣。石子形成，必赖工具，尝观悬崖之下，石砾堆积，多成角状而无圆者，其故安在，即未经工具以琢磨之也。工具为何，即水是也，水之可以为造成圆状石子之工匠者即全赖其运送能力也。雨花台石子其初在西南山中剥落之时，多具棱角，及经水流运送，石砾与地面互相磨擦，石砾与石砾互相碰击，于是糙者以平，方者以圆，石子成因，大概如斯。惟其中玛瑙石尚须加以研究，玛瑙石为含水石英质，非由浆岩分泌而来，而由石英质溶解之后复行沉淀而成，虽为水成岩，然无原始大面积之沉淀物可以寻察，所以其成因有可讨论之点。或者曰，玛瑙石沉淀于玄武之岩气泡内而成。因玄武岩喷出之时，其中气体因压力减小而膨胀，惟以岩浆黏性甚强，故被其系住，不得外逸，遂占据其中，成为气泡。此种构造在玄武岩上最为普通。以后因剥蚀作用，气泡以破。其面上成蜂窠状构造。于是溶解之石英质沉淀于其中，随气泡而成圆形，及玄武岩崩解之后，玛瑙石遂脱离而出。此说也，未为确论。玄武岩固可为玛瑙石沉淀之所，但证诸地文历史，于事实有相矛盾，若玛瑙石生成于玄武岩之气泡内，其生成时期，不问而知其后于玄武岩。是则其沉淀当在玄武岩之上，而何以反在其下。考诸地质，玄武岩层与雨花台层之机系，前者在上，后者在下，一般如是。并无断层褶曲等作用存在于其间，可知雨花台层生成实较玄武岩为早，而玛瑙石不在玄武岩内生成也亦明矣。然则玛瑙石之成因何居乎，曰，雨花台层既是始新统之物，则玛瑙石生成当在始新统之前。在始新统之前有白垩纪、侏罗纪、三微纪、古生代、太古代等时期。太古代及古生代岩石深埋地底，与玛瑙石生成，绝少关系，其与玛瑙石生成最有关系者，厥惟与始新统极近时代之岩石，其成分当富于石英质。查南京附近地质，三叠纪多石灰岩下侏罗纪是钟山系之石英岩及石英砂岩，上侏罗纪是斑岩，白垩纪是砾岩及赤山系之红砂岩。此等岩石，除石灰岩外，多含矽质，皆可供给玛瑙石沉淀之原料。石英溶解变为矽酸即含水之石英（H_2SiO_3 or $SiO_2 \cdot H_2O$），惟其溶解极难而沉淀不易，所以非有特别情形，决不能希望其有此事实，以不易溶解不易沉淀之物，而竟得其产品者，必水分容易蒸发，使少量溶解物，亦可沉淀，苟继续不休则不难得多量矣。玛瑙石沉淀不在大面积潮泊之内，大概在原有岩石裂缝之中，因其取材易贮蓄易而蒸发亦易也。岩石之有裂缝与孔隙者，以火成岩为较多，因岩浆流出之时，遇冷收缩，其表面热度发散更易，故裂缝甚多，又以火成岩内物质复杂其收缩与膨胀能力不相一致，一遇温度变迁，则崩解随之，致岩石上发生裂缝及孔洞。至于水成岩，虽其初疏松含水，然经大压力之后受凝结物（Cementing material）之胶结，变为极坚密之岩石，所以收缩不易裂缝亦较少。中生代（Mesozoic）火成岩以斑岩为最多，故斑岩可为玛瑙石生成之所。且斑岩中之长石易于分解，分解之后，则石基（groundmass）上留有洞孔，足为石英质沉淀之所。由此观之，玛瑙石实生于斑岩之裂缝及洞孔之内。及斑岩分解之后，玛瑙石遂脱离而出，随波逐流至于沉积之地。玛瑙石上之带纹。黑色者概属有机物质，其红色蓝色者大概是铁铬物质。当矽质沉淀之时，其他物质相间沉淀，故成层状，由傍面观之，形如带纹。其如曲线形波纹形圈形者，俱由于摩擦之方向有不同耳。其颜色不同乃由其含有不纯粹物质所致。其圆度如何，则视其运送距离之远近以为差等，如其模型已圆者当别论也。

石子沉淀时之环境

石子层未沉淀之先，天气炎热，石子层沉淀之时常多暴雨何以知其然也。曰，因红砂岩层内所含之铁，推想当时天气之炎热。因石子之运徙可以推想当时之多暴雨。红砂岩内含有铁质，故成此色。铁质为地壳内普通之物，大半岩石均含有之，不过其成分有多少之别耳。而其颜色则因铁之组织而异。岩石内之铁，大概为氯化物（oxides）及氢氯化物（hydroxide），氯化铁可分为第一氯化铁（ferrous oxide）及第二氯化铁（ferric oxide）二种，第一氯化铁及氢氯化铁色皆不红，而第二氯化铁则为红色。岩石沉淀之初所含之铁大都为前二种情形，即含多量，亦不能希望其显红色，若变为第二氯化铁则有红色可见。惟其改变组织，端赖失水与氯化作用。在寒冷之地，此等作用极为困难，在炎热之地，则氯化作用较强而失水作用容易也。红砂岩之显色，即由其沉淀时炎热之环境以致之。继此以往，即为雨花台层沉淀之时，天气仍属炎热，暴雨亦多。暴雨为炎热之地常见之事，且地在海滨，其多暴雨宜矣。此种石子原落在西南山麓，因暴雨之倾泻，渐次移徙而下。每经一次暴雨，则运送至于更远之地，终则达沉淀之处而后已。暴雨之后，水力非常洪大，若与现在长江，黑河比较，则岂特倍蓰而已哉。夏秋之时，长江水流已为极大，然其下游只带极细砂泥。黄河为吾国著名之急流，其所运送者只为砂子。然则若欲长江，黄河运送石子，则其速力宜增几许也。所以推想石子之运送，非有暴雨，莫能为功。

磨片之研究

雨花台石子之种类，已如前述，其化学成分都为矽质，即石英质、石英岩、砾岩、砂岩等石子，以肉眼（Unaided eye）观察，已易辨认，若用放大镜（lens）观之，则更明了。此等石子固不必再须考定也。惟玛瑙石之

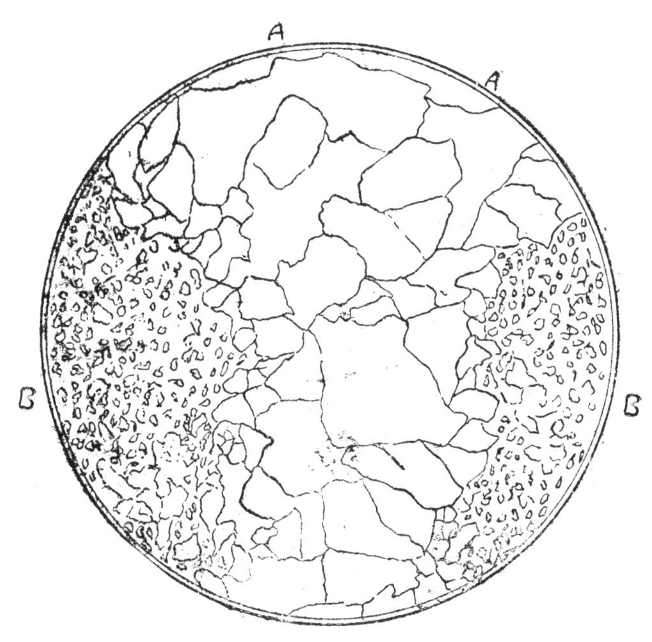

第四图　玛瑙石之构造圆（甲）

中有稀奇构造者在，故择其一二加以显微研究，庶几足以弥补缺漏，而证明更为确凿焉。

玛瑙石之构造图(甲)，此石子原来面上有黑圆点。状如鲕，疑其是化石(fossil)。磨成薄片置显微镜下观之，其黑点之中都是极细晶体。上图B处即为黑点之一部，其质为石英，两圆点中间之胶结物亦为石英质，其结晶体较黑点中为大，如图上A处。此石子纯是石英质构成并无杂质夹生于其中，其圆点之色所以较黑者，大概由光线干涉所致。此等晶体都已经过再结晶作用(recrystallization)，而具有变质之形态焉。

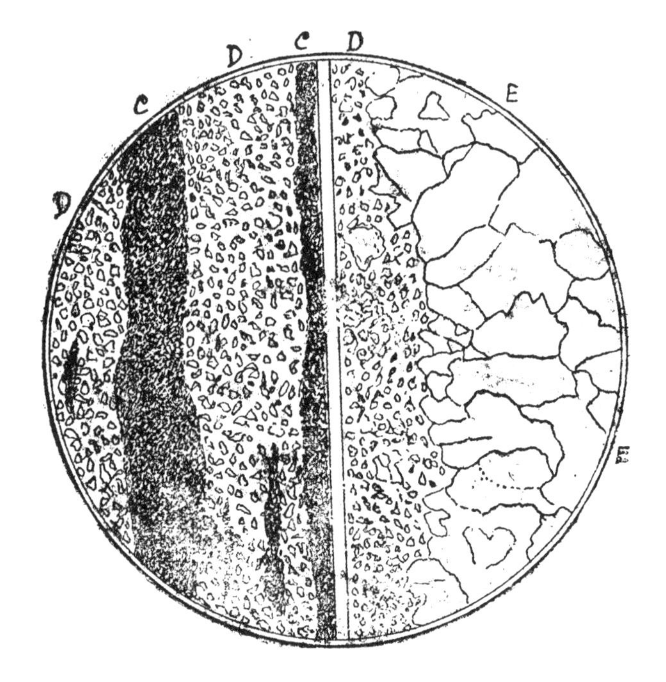

第五图　玛瑙石之构造图(乙)

玛瑙石之构造图(乙)，此石子原状成带纹，各层极薄，黑白相间。但白者比黑者为稍厚，白者已知其为石英质而黑者则为炭质或磁铁或其他物质，不能以肉眼决定也。在显微镜下观之，白带上之晶体皆极细，如图上D处。但只有一带结晶较大，如右半图上E处，纯是石英，绝无杂质，左半图上C处即为黑带纹，在显微镜下散光(ordinary light)及偏光(polarized light)之时都为黑色，在反射光视察，不呈磁铁矿光泽，故决定其为炭质物体(carbonaceous)。其中夹有极细石英之结晶体,时露白光焉。

苟在雨花台层中发现化石之石子,则本篇所讨论之来源与成因,根本上必受其打击。今既知此鲕状石子全由结晶之大小关系显成蕨形,则其生成之时,由于胶结原有之砂粒,更为明确,且可判定其在小范围以内沉淀也。带纹状之石子各层极薄,可知其每次沉淀之物质无多,其成带纹则因各层均在短时间内沉淀一种单纯物质,其黑白不浑者,则因第一层完全固结,而后始有第二层沉淀,如其在大湖大海之内且经久长时间而生成,则其各层厚度必不至如斯之小,而石英质与炭质决不至若此分离之清楚也。所以有此形状者,则因其沉淀之地必甚狭小,而水分蒸发必甚迅速,无疑矣。

结　论

雨花台层在昔分布极广,覆积于赤山层之上,而掩埋于玄武岩之下,经风化剥蚀诸作用,至于今日只留几处,然亦赖玄武岩覆护之功也。石子在雨花台者则来自西南山中。其母岩今亦尚有存在者。惟玛瑙石初沉淀于斑岩等裂罅之内,后因岩石崩解,故随之俱下,小者因受大者之障碍不能远徙,于是同沉淀于一处。当此之时,天气炎热,暴雨甚多,故水流能胜运送之任,其速力之大,较诸长江,黄河当不止倍蓰也。

作者对于地学知识既甚谫陋,而野外考察又未丰富,所以操笔之时,感得无限困难。凡有论述,悉依原理,不敢妄参臆断,至于引叙事实,尤须有所根据,庶谬误或可稍免。若其因事实而加以推求,敢贡管蠡,将以待正焉。兹将事实一方面参考书述之于下:

江苏地质志:刘季辰、赵汝钧二先生著。

扬子江流域巫山以下之地质构造及地文史:叶良辅、谢家荣二先生著;见地质汇报第七号。

巴蜀盆地之由来与湖广低地之往迹:袁德修先生著;见科学第六卷第二期。

江苏西南部之火山遗迹及玄武岩流之分布:董常先生著;见科学第八卷第八期。玄武岩分布各山之切面图均采自此篇。

汤山附近地质报告

张　更

民国十七年四月十五日，予承谢季华教授之命赴汤水镇，调查其附近一带地质，以资练习。费时达一星期之久，始将其附近三百余方里之地调查殆遍。兹就所得结果，制成二万分一之地质图一幅，及剖面图二幅，虽尚未臻精详，然重要情形，亦可略见一斑矣。

此次调查承谢季华教授首先指示范围及重要之点，并复同行调查三日，然后由予毕其事。又江苏地质志论汤山地质甚详，实有向导之功。兹并书之，以志感谢。

第一章　地形

汤水镇在汤山东麓，因温泉而得名。以别于北京汤山之故，或称之为南汤山。地处东经一百十九度四分，北纬三十二度三分。西距南京约六十里，筑有马路，交通便利，汽车约一小时可达。马车及人力车则需时较多。镇枕山麓，地势较高，南则平野弥漫，地形低下，北亦平原，马路及小河经行其中，平原以北，山岭突屼，脉势连延，据江苏陆军测量局所制图，以空山为最高，约四百公尺。向西南而出者为连山，黄龙山及珠山。高度自一百四十公尺至二百七十公尺。向南为尖山，高约二百八十余公尺，而隐没于平原之内，东延则成次山、狼山、赤燕山、棘山等。高度约为二百公尺至三百八十余公尺。甘家山与南山及赤燕山与棘山之间为汤水镇至孟塘大路所经过。其余山谷，多不平易，故南北往来须越岭而过，大窑山及横洞山在空山之北，高约二百公尺左右，中有小河似与诸山隔绝。然以岩层性质考之，应亦正相连贯。祠山以北冈阜起伏，而高二百余公尺之狮子、射乌、铜、空、东斗诸山横障于北，自成一脉。汤山突起于平

時代	系名	巖石	厚度(公尺)	說明
侏羅紀	祠山砂岩		1500	白色或黄色砂岩 中夹砾岩薄層
	不整合			
二疊紀	上石灰岩		540	薄層狀淡灰色石灰岩 下部稍夾頁岩
	方冲煤系		230	砂岩 石灰岩含化石 黑頁岩含動植物化石
石炭紀	棲霞石灰岩		420	灰色含燧石石灰岩含珊瑚蜓腕足之類等化石甚多
	不連續			
志留紀	界嶺砂頁岩		1700	石英岩 白色及黄色砂岩 内夹砾岩薄層 黄色及灰色薄層頁岩稍示砂性 黄頁岩含筆石化石
奧陶紀	崙山石灰岩		900	红色砂質岩 灰黑色砂質石灰岩 間有燧石片 上部含化石

汤山附近地层柱状剖面图

原之上，高达三百余公尺，分平原为南北二部，独具个性，几无来源之可寻。

镇之附近，地虽平旷，然以离山不远，故少巨川长流，其间诸小水道以东西相连之空山、狼山、赤燕山、乌鸦山为分水岭，在其南者南流，在其北者北注。其中以蜿蜒于马路旁近之水道为最大。集空山、尖山、狼山及赤燕山以南与汤山以北诸水经流平原之内，东至汤水镇，折而南行，又汇合汤山以南及其东来诸水而流入句容境内。其他水道往往潴注闭湖之内，如大胡山及陈家庄之河流是。此等水道以河床浅狭，水量不丰之故，剥蚀沉淀诸作用甚为薄弱。对于地形亦少关系。

池沼都在平原之内，大胡山、培墅、葛巷、李家庄、陈家庄、陈家村、作厂、万安村、西冈头、西东冈等处皆有之。其他各村亦复不少。面积大者约广八九亩，小者不过一亩。皆概供洗涤与灌溉之用。推其成因，大抵由于人工之穿凿而非天然也。

第二章　地质系统

中国地质以秦岭山脉为界，分为南北二系。江苏南部地质属于南系，汤山附近地质可以代表之。其地层走向几成东西，其倾斜则因汤山之脊为背斜层之轴，故方向相反。在山南者斜向为南，西南或东南。在山北者斜向北或西北。汤山之南有页岩露头，更南为冲积平原，为有较古地层均为遮掩。汤山之北地层露头甚多，自志留纪以迄侏罗纪莫不具备。就调查所及自上而下，表列如次：

地层	时代
祠山砂岩	侏罗纪
上石灰岩 方冲煤系	二叠纪
栖霞石灰岩	石炭纪
界岭砂页岩	下志留纪
仑山石灰岩	奥陶纪

观此表，则寒武纪以前及白垩纪以后之地层似属缺乏，实则白垩纪以后之地层苏南分布甚广。惟以调查区域有限之故，未得发见。而寒武纪以前之地层在苏南尚多掩藏于地底，不可得而见。故依地质系统而

论，汤山附近之最古地层为奥陶纪石灰岩，与北系之奥陶纪海相沉淀岩层相似。奥陶纪岩层之上有页岩砂岩及石英岩，厚度共约一千七百公尺，为北系所无。于岩页内采得许多笔石化石，故其时期应为下志留纪。直接覆于志留纪层之上者为石炭纪石灰岩，其间有一不连续。再上为二叠纪煤系。在方冲煤矿内采得化石多种，其中有大羽类植物化石(Gigantopteras)，保存极佳，为二叠纪煤系之标准化石。煤系之上有厚约五百余公尺之石灰岩，层薄质纯，虽无化石，而其时代似仍应属于叠纪。上石灰岩之上为侏罗纪之砂岩及砾岩层，二者呈不整合之接触。侏罗纪层厚度约在一千五百公尺左右，多为陆相沉积物，在祠山附近更为发达，并于其中发见极薄煤层，鲜有开采价值。玄武岩则见于射乌山上，直接覆于砂岩之上，广仅数亩，此调查区域内所见地层之大概情形也。兹再将各层之分布性质分述如下。

（一）仑山石灰岩

刘季辰、赵汝钧二先生以江苏之奥陶纪石灰岩名之曰仑山石灰岩，为苏南出露地层中之最古者。汤山石灰岩为其同时期生成之物，故仍用其名。汤山高约三百五十公尺，全为此岩，自成背斜层构造，四围山麓为较新岩层所掩蔽。苏南奥陶纪岩石，仑山而外，只此而已。钟系岩石为海相沉淀，厚约九百公尺。其内富矽质，性极坚致，色作灰黑，间有燧石片，上部含化石极多，最上部有红色矽质岩一层，可认为显著之标准层。化石待北京地质调查所鉴定后续载。

（二）界岭砂页岩

本系在汤山镇附近分布极广而性质不一。其与奥陶纪层接联者为黄色页岩，中有笔石化石，其上为灰色或黄色页岩稍带砂性，其厚一千余公尺。分布于汤山南北平原之中间，有成小阜者，在汽车路附近皆有露头。陈家庄之西山以及上曹村、周家边、刘冈头等处亦皆有之。因岩石疏松，抵抗力薄弱之故，不能耐受剥蚀也。更上为黄色或白色砂岩，中夹砾岩层，砾石大部为石英质，形近圆润，直径大者约一公分。在空山东部则含有红色页岩之砾石，且砂岩之内有红色环纹，美丽可观，似为铁质由地下水浸染所致。最上部为石英岩，极坚硬，厚约一百七十余公尺，与砂岩部共相表里，构成高山。西起珠山东迄南山，山脉绵延，横亘汤水镇北，高度自百公尺至四百公尺，其所以若斯者，岂偶然哉。

（三）栖霞石灰岩

在汤水镇附近，本层多与志留纪石英岩相倚而成高山，志留纪石英岩在山之南坡。本层石灰岩在山之北坡。次山、狼山、赤燕山上都有平分山脊之概。高度在二百二十余公尺至三百余公尺之间。棘山、东山、观山及黄龙山全为石灰岩所构成。空山北坡亦居其半。自黄龙山西南行可接青龙山。厚度约为四百二十公尺。石灰岩色灰质坚而纯，中含燧石，富珊瑚类腕足类及纺缍虫类化石，因其都已矽化，故能抵抗风化而突出于岩石面上。

（四）方冲煤系

本系都出露于山谷低原之内，惟次山之北，因上下石灰岩之夹护犹高峙山脊，东起姚湾西至葛家边本为一脉相连，其间以断层关系，致方冲煤矿与圆山煤矿不相连续。厚约二百四十公尺。煤系之内有页岩，石灰岩，砂岩及煤层，页岩在最下部，砂岩在最上部，中间煤层及石灰岩，因地层几成垂直，故采矿者不甚明白其构造。然就茵山以南老矿井推察，则知煤有二槽，圆山煤矿据钻探结果亦有二槽，下槽厚约三尺，上槽则仅数寸而已。方冲煤矿仅开一槽，多为半无烟煤。在黑色不纯之石灰岩中采得化石多种，于煤上砂岩内发见大羽植物化石。

（五）二叠纪石灰岩

煤系之上有厚约五百余公尺淡灰色石灰岩，多成薄层易于辨认。其下部与煤系相接之处，夹有薄层页岩。石灰岩之中尚未采得化石，以资鉴定，故暂属诸二叠纪。本层分布于大窑山、横洞山、次山、甘家山、茵山、南山、老山及乌鸦山等岩石坚硬，故能构成高一百五十公尺至三百公尺之山岭。

（六）祠山砂岩

本系岩石多为白色或黄色砂岩，中夹薄层砾岩，与二叠纪石灰岩之间有一不整合。分布甚广，构成百余公尺至三百公尺之马基、乌蒙、狮子、射乌、保国等山。本层砂岩首见于祠山，又特明显，因以祠山砂岩代表之，砂岩之内夹有薄煤厚约尺余，质又下劣，其不逮二叠纪煤层远甚，更何开采价值之可言哉。

第三章　火成岩

在汤水镇附近，火成岩计有两种。一为侵入斑岩，一为玄武岩。虽分布不甚广，而其对于地质之构造实有重要之关系焉。

侵入斑岩　侵入斑岩露头颇多，自汤水镇至孟塘之间出露尤夥，刘冈头之东亦有数处，汤山东北麓与射乌山上皆有之。惟其侵入各岩层之中，自成岩脉，散乱无章，不易确定其时期，要之当后于侏罗纪云，斑岩在汤山东北麓者，长石晶粒多而石英少，已风化者尚可拾得极完备长石结晶体。在赤燕山东麓，则长石斑晶较少，黑云母之六角结晶体较多。结晶体之大者约五分之一公分。后者盐基性似较前者为重，其生成当在同时，不过岩浆分泌稍有不同耳。

玄武岩　玄武岩只于射乌山岭见之残余面积，不过数亩，若再经千百年之后，只恐完全剥蚀无复存矣。直接覆于侏罗纪层之上，与方山玄武岩异其情势，此盖当时地形之不同有以致之。方山玄武岩已决定其属于渐新统，此山玄武岩当与同时。其构造多孔者，盖因喷出之时，其中包含之气体因压力减小而膨胀所致，成分富铁质似属橄榄岩。

第四章　地质构造

本区地质构造，褶绉，断层二者俱甚重要。褶绉作用由于侧压力极大之故，至岩层侧掀而起，生成背斜层及向斜层汤山背斜层之轴，向为东北东至西南西。南翼斜向东南南或西南，斜度四十余度至七十度，只有页岩露头，其余地层俱埋没于冲积层之下。北翼则有黄龙山、空山、横洞山、次山、狼山、赤燕山等，地层自志留纪至二叠纪出露甚备。斜向为西北或北，斜角自三十度至八十三度。其走向则稍有不同，黄龙山为东南西北向，次山以东诸山多为东西向，因其中间曾经剥蚀，故与汤山不相附丽；射乌山为一向斜层，其轴向为东北西南，斜角约三十度。南起为祠山、甘家山等，北起为射乌、铜、空、石洞诸山。

空山与次山之间有一倾斜断层(dip fault)，走向约近南北，平面推移约五百八十余公尺，致二叠纪石灰岩与石炭纪石灰岩几相连续。而同系之方冲煤层与圆山煤层分而为二也。

第五章　经济地质

甲　煤田

汤水镇附近二叠纪及侏罗纪煤田分布尚广。以江南交通之便利，长江流域需要之浩巨，苟能获得量丰质佳煤矿，其发展岂可限量。惟以煤层贫薄，致探采者屡归失败，天产有限，莫可如何，后之人慎勿谓研究之未精而徒致劳费也。本区煤矿，东自姚湾西至葛家边，长凡十余里，其露头时隐时见。已经开采者有方冲煤矿，圆山煤矿及祠山煤矿。他如茵山南谷及空山北谷亦曾钻探数号，废井宛在，其情形如何，无从调查，兹将方冲、圆山、祠山等矿情形述之于下：

1. 方冲煤矿

地质　本煤田在狼山北麓，东南距汤水镇约七里，煤系厚约二百三十公尺，夹于上石灰岩及石炭纪石灰岩之间，以砂岩及页岩为主，中有薄层石灰岩，色黑含化石甚多。时代属二叠纪。其走向为东北七十五度，倾斜几成垂直。宁兴公司曾开一井，深二百尺，于八十尺处见三尺厚煤一层，于一百七十尺处见五尺厚煤一层(?)向西遇断层，向东百尺亦遇断层及火成岩(侵入斑岩)而止，地下又多水脉开采不易。其质为半无烟煤。兹将宁兴公司煤样分析，列表如下：

水	0.9%	挥发分	13.0%	炭	69.7%
灰	16.7%	硫	2.57%	热力	13.040

矿业　此矿由宁兴公司于民国十四年开采，只一直井煤质尚佳。以断层及火成岩之阻碍与水旺难治，江、浙战事起，遂告停顿。共费四

万元。

2. 圆山煤矿

地质 本矿在雪浪村附近，地质及时代与方冲相同。地下水较方冲为少。煤有二槽，下槽厚八九尺，上槽厚一尺四五寸，二槽相距约八公尺。开二斜井，第一井向北西八十度，斜度四十一度，第二井向北西六十度。两井都在下槽开采，第一井向东开至白砂岩而止，现已相通，充作通风之用。第二井向西开四十余丈已遇四断层。盖因此处适近断层线，所以地质受影响更烈。煤质据宁兴公司分析如下：

水	0.6%	挥发分 9.14%	炭 74.55%
灰	15.71%		

矿业 此矿与团山煤矿前属华兴公司，后归宁兴公司，去春暂停。现在工人三十，每日出煤一吨余。运输则用小车及驴子，送至龙潭车站，运销于长江沿岸各埠。每吨售价八九元，而运费约需二元五角。矿工工资每日五角，故常有入不敷出之慨云。

3. 祠山煤矿

地质 本矿在陈家边西，煤系为砂岩及页岩，中无化石位置在上石灰岩之上，故不隶于二叠纪而归于侏罗纪。地层直立，走向为北西七十度。曾开七井，以第三井为最深，约七百尺。在三百尺处，见厚约尺许煤层，质为烟煤。据宁兴公司分析结果如下：

水	7%	挥发分 14.1%	炭 59.9%
灰	25.8%	硫 4.1%	热力 11.820

矿业 宁兴公司于民国七年开办，开办之始，即在祠山爬灰庙钻探，其开七井，费钱达二十万元而无结果。皆煤质下劣，贮量稀少，有以致之。

乙 石灰岩

汤山附近煤矿以外，矿产之有经济价值者厥惟石灰岩。需要未广，开采者少。惟汤山正在开采，供建筑庙宇之用。黄龙山曾有大规模开采，其用途及销路无从探询，汤山为奥陶纪石灰岩，黄龙山为石炭纪石灰岩，体坚而质纯，建筑之良材也，惟颜色灰黑不足以助华丽耳。若能烧成石灰或制水泥，用途亦复不小。交通方面又甚便利，距龙潭车站不过三十里，可设轻便铁轨以资运送，苟能推广其销路，或可成为事实也。

第六章　温泉

汤水镇以温泉见称，约有七八处，多在汤山东麓及东南麓。据调查所得，如图上1,2,3,4,5,6,7,8,等处皆是，1,3,4,5四处在汤水镇街边及街后，6,7,8三源在汤王庙西。温度最高者为摄氏五十九度半，最低者四十二度半。若以掘地百尺温度升高摄氏一度，计算其来源当在四五千尺之下。泉水大小以雨量之多寡为准。

地质　汤山纯属奥陶纪石灰岩，在山之东者走向为北东三十七度，倾斜七十度。以地层倾斜过大，及岩质坚致不易渗透之故，地下水只得从深处罅隙内沿层面而上泄，或者此处曾发生断层而予地下水以喷出之径。惟其是否断层未得证明。街边及汤王庙西二泉源，地质上似不相连。在街后山麓泉源附近多红色矽质岩，中有方解石脉，盖矽质石灰岩受高温度地下水之作用，溶去石灰质而遗留矽质，其后又复将带来之碳酸钙充填其隙缝之中，结晶而成方解石。温泉成分因采来之水尚未分析暂缺。兹将陶庐及北京农商部工业化验所之报告。录之如下，

陶庐报告：

一千立方公分温泉所含成分　　比重1.004

钾	0.033 09	钠	0.023 23	钙	0.400 0
镁	0.095 2	锰	0.004 14	硝酸	0.005 7
盐化物	0.011 72	硫酸	1.098 2	燐酷	0.120 6
重碳酸	0.244 1	有机物	0.002 4	水酸化矽	0.795
二氯化炭	0.010 8	硫化氢	0.000 3	铁	痕迹
亚摩尼亚	痕迹				

农商部工业化验所报告(百分比)

	公共浴池	汤山公司
硫酸钙	0.156 9	0.151 8
碳酸钙	0.021 3	0.014 8
氯化钙	0.005 4	0.004 2
氯化镁	0.017 2	0.013 3
氯化钠	痕迹	痕迹

效用　温泉中含硫黄成分，能去皮肤病，宜于洗澡，每年来此洗澡者为数当不鲜，惟无确实统计。此外则为浸稻草之用，地点在汤王庙西塘内。盖农民织屦，先将原料浸入塘内，经三数日取出干之，柔软可用。据农民口述，附近七八村业此者不下百家，多于春冬农隙从事编织，岁入约为万金云。

照片一　汤山南坡全景。中山有白点之处，为朱砂洞。
（石灰岩脉中有铁质凝聚，色红朱非砂也。）

照片二　自汤山北坡向北望狼山次山之景。
此二山矗立汤山之北为石英岩及砂岩所构成。其南之低阜为页岩所构成。
表示岩石之硬软对于剥蚀作用之关系。

照片三　汤山半坡之石灰岩，表示石灰岩中燧石分布之状况。

照片四　方冲煤矿表示厂屋及矿井。

照片五　汤王庙温泉。右屋宇为汤王庙。左方墙内为公共浴池。（向北望）

照片六　汤王庙温泉景。表示农民浸稻草情形。（向西北望）

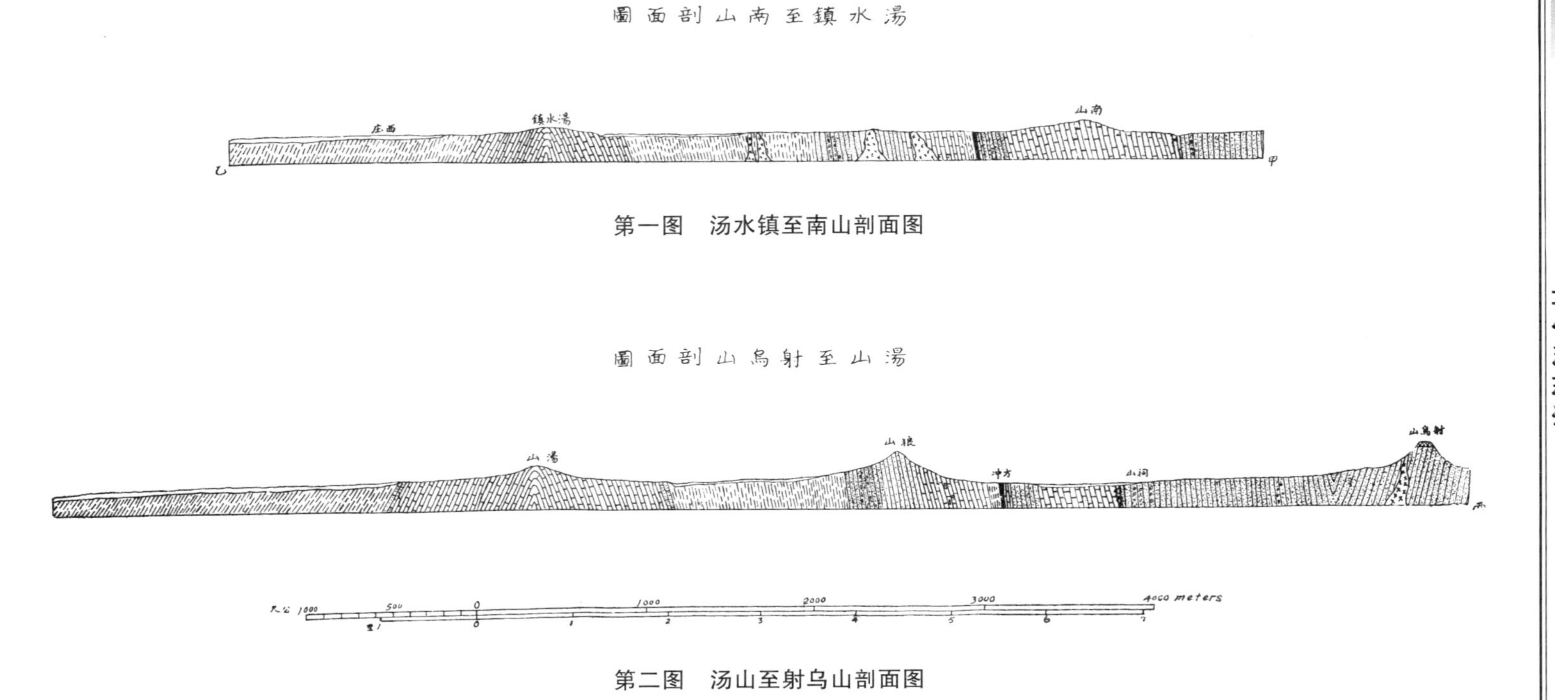

第一图 汤水镇至南山剖面图

第二图 汤山至射乌山剖面图

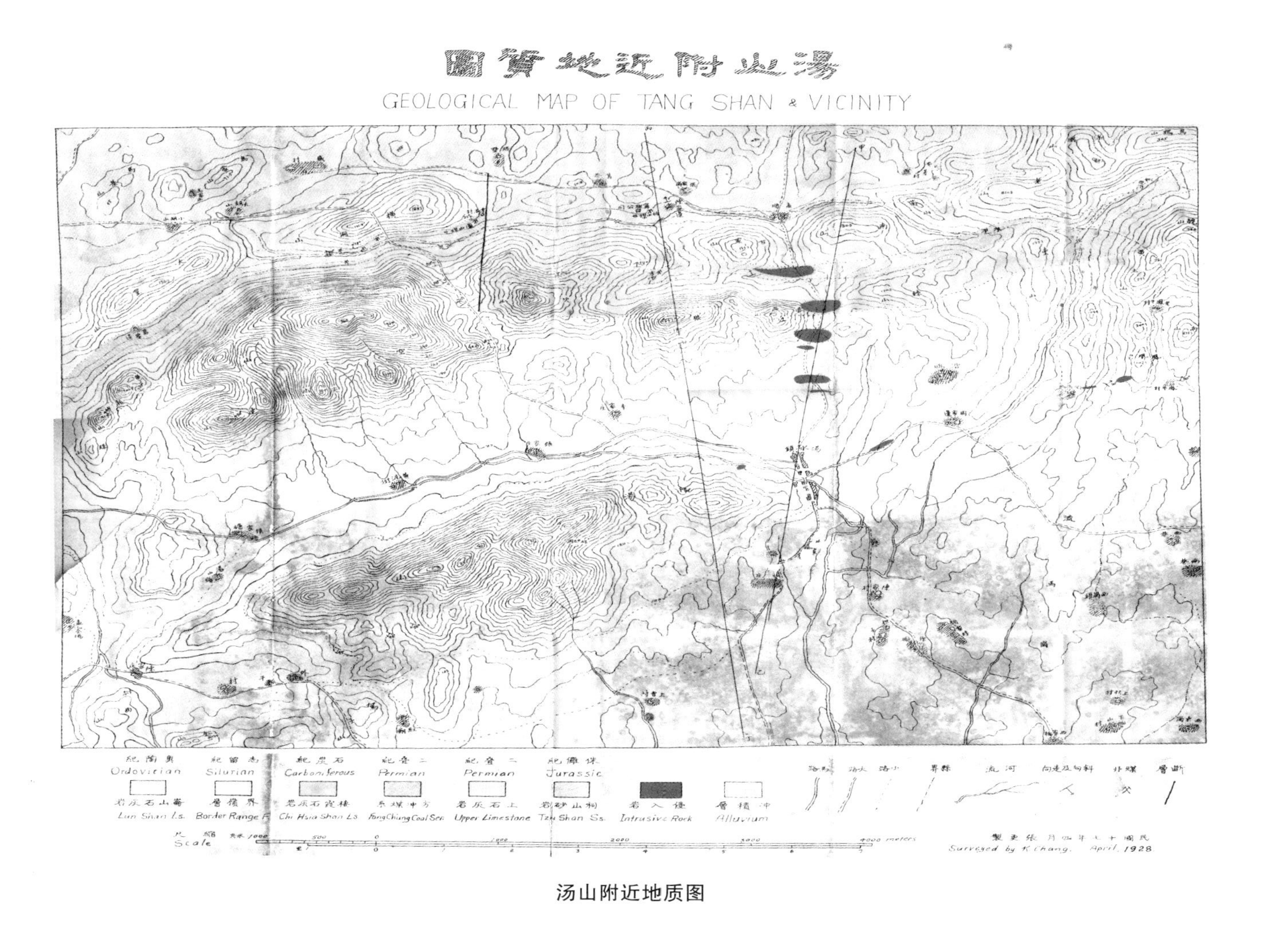
湯山附近地質圖
GEOLOGICAL MAP OF TANG SHAN & VICINITY
Ordovician
Lun Shan Ls.
Silurian
Border Range
Carboniferous
Chi Hsia Shan Ls.
Permian
Yang Chung Coal Ser.
Permian
Upper Limestone
Jurassic
Tzu Shan Ss.
Intrusive Rock
Alluvium
Scale
4000 meters
Surveyed by K. Chang. April, 1928

汤山附近地质图

南京栖霞山石灰岩之地质时代

赵亚曾[①]

长江地质从前外国学者虽有调查，而缺略之处所在皆是。地层时代之订正，多赖古生物研究。赵君于此学英年锐进，于北方之太原系时代纠纷问题既尝予以解决，于长江栖霞石灰岩之困难问题又复有所贡献，实为中国地层学上之一成绩。因缀数言，以为介绍。

翁文灏记

在地史中地质时代鉴定之困难及分类之歧异，盖莫过于上部古生代

---

① 赵亚曾(1899—1929)，古生物学家、地层学家、区域地质学家。所著《中国长身贝科化石》等在系统分类和研究上属国际先进。他与李四光开展的峡东地质工作奠定了中国南方地层系统之基础。他与黄汲清合著的《秦岭山与四川地质之研究》是区域地质学之重要经典。

赵亚曾1919年入北京大学地质系本科学习。1920年参加筹组北京大学地质学研究会，为首批会员之一。他于1928年任农商部地质调查所技师兼古生物学研究室主任。1929年2月，在中国地质学会第6届年会上，他当选为学会评议员(理事)。同年，在中国古生物学会成立大会上，他当选为首届评议员(理事)。当年，他参加了农商部地质调查所组织的以丁文江为首的西南地质大调查课题。他与黄汲清为一路，自北平经西安，翻秦岭而入四川，取得了丰富的地质资料，也解决了很多重大问题。他与黄汲清到达四川宜宾时，他们商量认为云南、贵州都是地质学上的处女地，应多跑些地区，多收集些实际材料，努力解决几个重大地质问题，因此决定两人分路进行工作。黄汲清由宜宾东南行，经云南镇雄而入黔西北。赵亚曾则与一名年轻的工人、助手徐承佩一同由宜宾南行，经老鸦滩到云南昭通。在距昭通县城25里的闸心场，赵亚曾不幸惨遭土匪杀害。

赵亚曾直接从事地质工作仅仅6年，加上他大学地质系本科4年的学习，整个地质生涯也不过10年，然而他所取得的成就却远远超过这短短时间的价值。丁文江悼诗“三十书成已等身，赵生才调更无伦”代表了科学界对他的公论。——校者注

地层。故瓦刚博士[1]对于印度盐领长身贝石灰岩之化石及干尼郗夫[2]对于俄国乌拉山之上石炭纪化石研究虽称綦详，且世人公认为不朽之著，但关于其彼此之关系及其所代表之时代，仍多疑义。石炭纪地层之研究，当以英，比发端为最早，惟近年以来，地层学者对于从前之结论，多所怀疑，自姚汉（Vaughan）一倡，于是复引起该国学者重新详细分层研究之兴趣。至于美国之所谓盆西完尼亚系（Pennsylvanian）虽通常视为上石炭纪，而其中或包有中石炭纪或二叠纪。分类之欠详，研究之欠精，更无论矣。

我国上部古生界颇为发达，则关于其时代及分类上意见之分歧，自难逃此例。且从前外国古生物学家之研究我国上部古生层者，多基于小部之采集，故其结论之失当，尤差之千里。自中国地质调查所着手于有系统之调查，分层采集，年来集聚于所内之化石，宏富异常。著者浸淫于此者已数载于兹，复屡赴野外调查，交相左证，因得对于前人关于我国上部古生代之时代及分类，多所阐明。我国北部古生代煤系中海成层之时代，迭经佛莱士（Frech）、葛尔戴（Cirty）、矢部长克、早坂一郎、葛利普（Grabau）等之研究，或谓属于下石炭纪，或谓属于上石炭纪之最上部，聚讼纷纷，久悬未决。经吾师李仲揆教授及著者之研究，始规定其大部属于上石炭纪（太原系），其一小部属于中石炭纪（本溪系），前已为文 *On the Age of the Taiyuan Series of North China* 发表于地质学会会志第四卷，第三至四期。今更继续研究，进而求决众议纷歧，历久未决之栖霞石灰岩之地质时代问题。关于此者，著者本其研究腕足类化石之结果，颇与前人之结论多有不同，论文全部已以英文刊印于地质学会会志第六卷，第二期（Brachiopod Fauna of the Chihsia Limestone）。斯篇之作，即前者之提要也。

关于前人研究栖霞石灰岩之结论

栖霞石灰岩以出露于南京附近，大江南岸之栖霞山得名。在该处本

---

① Waagen, W., *Productus-limestone Fossils*, Palaeontologia Indica, ser. XIII, Vol. I.

② Tschenyschew, Th. *Die obercarbonischen Brachiopoden des Ural und des Timan*, Mém du cam. Géol., Vol. XVI, No. 2.

石灰岩[1]富含燧石结核，不整一的覆于志留纪梧桐山石英岩之上，中为断层所切，致庙之南北二山均有栖霞石灰岩之出露。最下层石质密致，含海藻状之化石（Girvanella）颇多，稍上石质较粗，富含珊瑚化石，顶部以纺缍虫类化石（Fusulinella?）为多，概成椭圆状之屑小球体凸露于岩表。

首研究栖霞山剖面者为德人李希霍芬氏（Ferdinant von Richthofen）。氏于野外调查时，误认之为属于泥盆纪，其后佛莱士经鉴定李氏在栖霞山所采集之化石，谓其时代属于下石炭纪。于李氏采集中，佛莱士[2]鉴定有下列诸种下石炭纪化石：

Hallia gigantea Mich.

Lonsdaleia floriformis Flem.

Lonsdaleia papillata Fisch.

Zaphrentis spinulosa M. Edw. et H.

Battersbyia (nov. sp.)

Syringopora ramulosa Goldf.

Fistulipora minor M'Coy.

在扬子江三峡之新滩附近于一极厚之石灰岩中，李希霍芬亦采有珊瑚化石若干。经佛莱士[3]之鉴定，谓亦属下石炭纪，包有下列诸种：

Zaphrentis delanoui M. Edw. et H.

Zaphrentis guerangeri M. Edw. et H.

Michelinia favosa Goldf.

Battersbyia (nov. sp.)

在四川之大宁县于巫山石灰岩之底部，维理士及勃拉克维德二氏（Willis and Blackwelder）采有化石颇多，种类以珊瑚为主。经葛尔戴[4]详细之鉴定，谓应属于美国之盆西完尼亚纪即上石炭纪。化石种类均属

---

① Grabau, A. W., *Stratigraphy of China*, Part I, p. 443.

② Frech, F., *In Richthofen's China*, Vol. V. p. 61.

③ Frech, F., Ibidem, p. 61.

④ Girty, G. H., *A Report on Upper Palaeozoic Fossils collected in China in 1903-04*; *Research in China*, Vol. III, pp. 297-328.

新种如下：

Schwagerina sp.

Lonsdaleia chinensis Girty.

Michelinia favositoides Girty.

Geinitzella chinensis Girty.

Fistulipora waageniana Girty.

Spirifer blackwelderi Girty.

Productus sp.

Orthotichia? sp.

Chonetes sp.

本层内纺缍虫类化石 Schwagerina 之鉴定，似极欠妥当，盖据现在所知巫山石灰岩底部只有多数幼稚纺缍虫类化石 Fusulinella 之存在，而向无高级纺缍虫之发现也。

自此以后，谈南部地质者盖奉佛莱士及葛尔戴两氏之结论为准绳，谓南京之栖霞石灰岩为下石炭纪，而同时以湖北之巫山石灰岩归之于上石炭纪。

但自中国地质调查所扩充调查范围于南方后，长江流域之地质，乃逐渐明了。李仲揆[①]教授及著者与北大学生赴宜昌三峡实习时，始知维理士等所谓巫山石灰岩者，实可按其岩石性质及化石种类分为截然不同之二大部。上为薄层状石灰岩，厚约一千三百公尺左右，下为厚层状燧石石灰岩，厚约五百公尺以上于此燧石石灰岩之底部，曾采有化石颇多，概与产自栖霞山者属同种，因此得证明三峡燧石石灰岩之底部与南京之栖霞石灰岩相当。此后更知本层在长江流域之分布甚广，凡志留纪石英岩之上，燧石石灰岩之底部，无处无之；如湖北之大冶、阳新，慰征之铜陵、含山等地皆是也。

燧石石灰岩(即巫山石炭下部)之底部既与栖霞石灰岩相当，同属下石炭纪，而其顶部复产有一 Lyttonia 及 Old hamina 动物群，盖皆公认为

① Lee，J. S.，*Geology of the Gorge District of the Yangtze*，*etc.*；Bull. Geol. Soc. China，Vol. III，No. 3-4，pp. 375-376.

代表中二叠纪，则其彼其此之关系及化石带之划分，实一有趣味之研究。次年地质调查所谢家荣君及著者复至鄂西调查。著者即特注意此点，思有以解决之。但屡经搜求，终未得有不整一之迹。当时著者虽未得余暇详细研究其所产之化石，惟就其无显著的侵蚀之迹及岩石性质上下一致观之，对于燧石石灰岩底部[①]珊瑚（层即栖霞石灰岩）之归于下石炭纪，深觉怀疑也。

新近早坂一郎教授[②]对于栖霞石灰岩之地质时代及地理分布，详加讨论。彼谓其不属下石炭纪，而反应归之于下二叠纪。总其主要化石上之证据，由于一纺缍虫之存在，经鉴定为 Verbeckina 所可异者，在所内之宏富材料中，纺缍虫似只有一种，昔葛利普博士曾鉴定为 Fusulinella gigas Mansuy。其产生状态，概成椭球凸露于石表，及制成薄片在显微镜下研究之，则见其内部构造概皆破损，确属于何属颇难决定，惟似以归之于 Fusulinella 较为得当。似此则早坂一郎教授惟一之化石证据，颇与人以可疑之机会也。

栖霞石灰岩内之化石以珊瑚为主，尤以属于 Tetrapora 者为最普遍。今栖霞石灰岩既代表一厚燧石石灰岩中之一化石层，而上与其他化石层复无岩石性质上之分，则珊瑚层或珊瑚石灰岩之名，似较栖霞石灰岩为较适宜。在调查所内采自本层之化石极为众多，以采自栖霞山及和州鸡笼山者为尤丰富。其余如湖北三峡、施南、大冶、阳新以及安徽沿江一带者，亦为数非鲜。关于其珊瑚生物群，本所乐森璕君曾研究之，共分出十五种。但多数之种类皆属新种，或只曾发现于长江流域之他处，故彼对于其所代表之时代，未得有定论。

在上部古生代地层中，生物之繁演及普遍，盖有未过于腕足类者；但在栖霞石灰岩中，则属于本类化石之缺乏，实出人意表之外。多数之种类均仅有破碎之材料，或只有一块标本可供鉴定，及详细研究之，则此等破碎之化石，实对于栖霞石灰岩之时代有莫大之贡献焉。

---

① Hsieh, C. Y. and Chao, Y. P., *Geology of Ichang, Hsingshan, Tsekuei and Potung Districts*；谢家荣、赵亚曾《宜昌、兴山、秭归、巴东等县地质》，《地质汇报》第七号。

② 早坂一郎《关于南京山地栖霞山石灰岩之地质时代》（日文），《地学杂志》第四百三十二号。

栖霞石灰岩之分布及其化石

当调查江苏全省地质时，刘季辰及赵汝钧两君曾于栖霞山采有数种腕足类化石，与珊瑚化石同产于一层珊瑚以一种 Lonsdaleia 为最普遍，腕足类则多系破碎之标本，惟此等化石采自栖霞石灰岩之何部，当时并无记载，殊可惜耳。总其所采集，有下列诸种化石：

纺锤虫类

Fusulinella? gigas Mansuy.

珊瑚类

Lonsdaleia（wentzelella）chihsiaensis yoh.
Lonsdaleia（waagenella）kiangsuensis yoh.
Tetrapora Syringoporoides yoh.

腕足类

Spirigerella pentagonalis Chao.
Dalmanella indica（waagen）.
Chonetes sp.
Marginifera obscura Chao.

当民国十三年春，孙云铸君及北大学生等赴栖霞山实习时，亦采有珊瑚类化石颇多。所可异者栖霞山虽皆公认为无较高之地层，但彼等所采集与刘赵二君所得者迥不相同，其非来自一层也明甚。然则栖霞山之可分为数化石层，其时代或亦稍有迟早之分，似无疑义也。孙君等采有下列诸种化石：

纺锤虫类

Fusulinella? gigas Mansuy.

珊瑚类

Tetrapora elegantula Yabe and Hayasaka.
Tetrapora nankingensis Yoh.
Tetrapora halysitiformis Yoh.
Monilopora dendroides Yoh.
Michelinia cf placenta Waagen and Wentzel.
Michelinia microstoma Yabe and Hayasaka.
Lonsdaleia chinensis Girty.
Fistulipora waageniana Girty.
Fistulipora chinensis Yoh.
Amplexus sinensis Grabau.

腕足类

Derbyia sp.
Orthotichia morganiana Derty, Mut. Chihsialusis Chao.

在安徽和州之鸡笼山，栖霞石灰岩亦颇发达。孙云铸君及北大学生等亦采有化石甚多，大概皆与栖霞山产者属同种。

纺缍虫类

Fusulinella? gigas Mansuy.

珊瑚类

Tetrapora nankingensis Yoh.
Tetrapora elegantula Yabe and Hayasaka.
Tetrapora halysitiformis Yoh.
Monilopora dendroides Yoh.
Michelinia cf placenta Waag and Wentzel.
Michelinia microstoma Yabe and Hayasaka.
Lonsdaleia chinensis Girty.

Fistulipora waageniana Girty.

Amplexus chinensis Grabau.

腕足类

Streptorhynchus (Kiangsiella) pectiniformis var. nankingensis Grabau

Dalmanella indica (waagen).

Productus nankingensis (Frech)

除此研究较详之二处外，栖霞石灰岩在南京以东诸山出露之地尚多，如幕府山、青龙山、白云观、船山等处。凡此诸地栖霞石灰岩之下，尚有一颇厚之石灰岩内含纺缍虫及其他二叠纪化石，再上为一煤系产标准中二叠纪化石 Lyttonia，其上即为长江流域分布甚广之薄层状石灰岩。

在此诸处刘季辰及赵汝钧二君皆有采集，惟远不逮前二者之宏富耳。

幕府山

Tetrapora nankingensis Yoh.

青龙山

Tetrapora elegantula Y. and H.

Michelinia multicystose Yoh.

Michelinia cf. placenta W. and W.

Fistulipora waageniana Girty.

茅山

Tetrapora nankingensis Yoh.

Michelinia cf. multicystose Yoh.

船山

Schuchertella cf. Semiplana Waagen.

Tetrapora elegontula Yabe and H.

Tetrapora hadysitiformis Yoh.

Tetrapora Syringoporoides Yoh.

Monilopora dendroides Yoh.

Michelinia cf. placenta W. and W.

Fistulipora waageniana Girty.

在安徽,叶良辅及李捷二君亦见有栖霞石灰岩出露之处颇多。其地层位置与见于江苏者大致相同,即栖霞石灰岩位居志留纪石英岩之上,燧石石灰岩之底部。后者之上仍为二叠纪煤系,内产 Lyttonia, Gastriouras 及大羽植物化石(Gigantopleris)。在各处所采之栖霞化石如下:

含山县附近

Tetrapora halysitiformis Yoh.

巢县石子沟

Monilopora dendroides Yoh.

荆县燕子岭

Tetrapora laxa Yoh.

铜陵县叶山冲

Tetrapora nankingensis Yoh.

Michelinia microstoma Y. and H.

在长江流域,上部古生代地层以湖北为最完备。按其岩石性质可分为二大部,上部为薄层石灰岩,下部为燧石石灰岩。燧石石灰岩之底部即恰与栖霞石灰岩相当。惟凡此诸地,栖霞石灰岩之上尚有颇厚之较高之石灰岩,于其顶部曾采得二叠纪标准化石 Lyttonia 及 Oldhamina 等。在鄂省东南部大冶、阳新等处,于燧石石灰岩底部之属珊瑚层者(即栖霞石灰岩),刘、谢二君曾得有下列二化石:

Tetrapora sp.

Lonsdaleia chinensis Girty.

在鄂西三峡一带，于巫山石灰岩之底部，亦采有化石颇多，概皆与栖霞山者属同种。

新滩

Spiriferina sp.
Tetrapora sp.
Michelinia microstoma Yabe and H.
Lonsdaleia chinensis Girty.
Fusulinella multivoluta Lee.
Fusulinella verbeeckinaides Lee.
Fusulinella sphaerica Abich.

兴山县建阳坪

Tetrapora elegantula yabe and H.
Lonsdaleia chinensis Girty.
Michelinia microstoma Yabe and H.
Fistulipora waageniana Girty.
Fusulinella sp.

宜昌北罗惹坪

Lonsdaleia chinensis Girty.
Fusulinella sp.

咸丰县六合山

Lonsdaleia chinensis Girty.

在新滩及建阳坪滚落于山坡之石灰岩块中，亦曾得有长身贝三种。就其位置观之，此等石块极似来自燧石石灰岩之下部，惟确否有待将来之考证。

Productus grandicostatus Chao(建阳坪)
Productus richthofeni Chao(新滩)

Marginifera sintanensis Chao(新滩)

在云南北部之东川，丁在君先生亦采有栖霞石灰岩之标准化石 Tetrapora elegantula 数块。

总上所述栖霞石灰岩在长江流域分布甚广，概皆不整一的位居志留纪砂岩层之上，而上复覆以时代较新岩质相同之燧石石灰岩若干。但东南行，则栖霞石灰岩渐行绝迹，较新之燧石石灰岩的接露于志留纪砂岩之上，如在浙江之西部①有纺缍虫类化石(Schwagerina)等之飞来峰石灰岩(以出露于杭垣西湖之飞来峰得名)。不整一的居志留纪千里冈砂岩之上，富含珊瑚化石之栖霞石灰岩完全欠缺。在江西南部之吉安，较 Lyttonia 层稍低之小江边石灰岩(以出露于吉安小江边得名)，下为一煤系，自长江北行，全部之巫山石灰岩(含有栖霞石灰岩在内渐归绝迹)，故秦岭之南麓间无本层之发现也。由此观之，栖霞石灰岩几专限于长江流域。虽其岩石性质与较高之燧石石灰岩无显著之分，但其位置之固定，化石之特别，在野外亦颇易于办认也。

栖霞石灰岩之地质时代及比较

栖霞石灰岩之时代，决非下石炭纪。通常之所以视为下石炭纪者，皆宗德人佛莱士之结论。但据现在较详之研究则佛氏之鉴定皆属无稽，栖霞石灰岩内无一化石带有下石炭纪之彩色者。鄂西巫山石灰岩底部珊瑚层与南京栖霞石灰岩之相当，毫无疑义。昔美人葛尔戴氏研究维理士等在该层内所采得之化石，谓其时代应为盆西完尼亚纪即上石炭纪。今佛氏之鉴定既完全错误，而葛氏之研究复精确异常，乃我国学者概皆宗佛氏之论。而忽葛氏之说，抑何可异。且 Fusulinell 化石间无产自下石炭纪者而 Orthotichia 及 Kiangsiella 则据现在所知，至低不能过上石炭纪，今此三化石皆产栖霞石灰岩，是其时代之非下石炭纪也明甚。

虽腕足类化石之来自栖霞石灰岩之何部，多属不明，但其皆采自栖霞石灰岩内，可由其同生之珊瑚化石以为之证。我等之材料固极缺乏，

① Liu, C. C. and Chao, Y. T.: *Geology of Southeastern Chekiang*；刘季辰、赵亚曾《浙江西南部之地质》，《地质汇报》第九号。

而此简单之腕足类生物群，则对于栖霞石灰岩之地质时代颇有所指明。在长江流域采自本层内之腕足类化石共有下列数种：

1. Spirigerella pentagonalis Chao（sp. nov.）

2. Dalmanella indica（waagen）

3. Orthotichia morganiana Derby mut，chihsiaensis Chao

4. Streptorhynchus（Kiangsiella）pectiniformis Dav. var nankingensis Gr.

5. Schucherttella cf. semiplana Waagen.

6. Derbyia sp.

7. Chonetes sp.

8. Marginifera obscura Chao（sp. nov.）

9. Pruductus nankingensis（Frech）

10. Productus richthofeni Chao.

Spirigerella pertagonalis 为一新种，其形状则颇似代表发现于印度及喜马拉亚山二叠纪内之 Spirigerella derbyi Waagen 之始祖。Dalwanella indica 为印度下长身贝石灰岩中最普遍之一种，在栖霞石灰岩内虽为数无多但亦曾发现于栖霞山及鸡笼山等处。Schuchertella cf. Semiplana 首发现于印度之上长身贝石灰岩，喀尼克阿尔普士山纺缍虫石灰岩(Fusulina limcstone ef Carnic Alps)内亦产之，惟采自船山者，则其来自栖霞石灰岩抑较高之燧石石灰岩内，颇有疑问耳。Streptorhynchus（Kiangsiella）pectiniformis var nankingensis 与产自南美洲上石炭纪之 Streporhynchs hallianus 及印度之 St pectiniformis 极为相近。Orthotichia morganiana 则为南美洲上石炭纪之特种化石，亦曾发现于俄国及天山之上石炭纪。凡此二种，栖霞石灰岩以上之燧石石灰岩内，亦皆产之，如浙江之飞来峰石灰岩、江西之小江边石灰岩等。至 Productus nankingensis 及 Productus richthofeni 均原为发现于燧石石灰岩上部之化石也。

总上述八种可供鉴定之化石，与印度长身贝石灰岩中之化石属同种者有二，代表其始祖性质者亦二，与俄国乌拉山及南美之上石炭纪内极相近者二，继续生存至较高之燧石石灰岩者凡四。在云南产 Fusulinella gigas Mansuy 之地层似属上石炭纪，而 Michelinia cf. placenta 则原为产于印度长身贝石灰岩之化石也。故只就其化石证据上立论，栖霞石灰岩之属上石炭纪似当然之结论也。

及证以在野外之观察，栖霞石灰岩之属上石炭纪尤属显明。在三峡一带，巫山燧石石灰岩之上部产 Lyttonia，中部产纺缍虫类化石，底部产 Tetrapora 等。在长江下游各省，地层次序大致相同，岩石性质到处如一，其代表连续之沉积也甚明。故当测江苏全省地质图时，刘季辰及赵汝钧两君[①]皆从佛氏之论，而统归二叠纪煤系以下之燧石石灰岩于下石炭纪。及测绘湖北东南部时，刘季辰及谢家荣[②]二君亦视彼等所谓阳新石灰岩者为下石炭纪，实则阳新石灰岩几相当于全部之巫山燧石石灰岩也。即著者存一燧石石灰岩中或有一间断之念于心，复详加考察，在野外亦未得见有不整一之迹。岩石性质之上下一致，侵蚀痕迹之欠缺似代表燧石石灰岩中并无若何之显著间断也。今燧石石灰岩共厚不过五百余公尺，而其上部及中部复产有标准二叠纪化石，则其时代之非下石炭纪；而实为上石炭纪也明矣。

故就化石上之凭据及地层上之观察，栖霞石灰岩皆应归之于上部石炭纪。据现在所知，扬子江流域之燧石石灰岩之一大部应与印度之长身贝石灰岩及乌拉山之上石炭纪及二叠纪(Gschellian, Ural an and Artinskian)为同时。我国之燧石石灰岩全体皆为石灰岩，厚不下五百公尺。但印度之长身贝石灰岩只厚约二百公尺，乌拉山之上石炭及二叠纪亦厚只有三百公尺左右，执此则后二者地层之不完也甚明。下长身贝石灰岩之大部为砂岩及乌拉山 Gschellian 系与乌拉系中间之常隔有斜成层之砂岩，似可为上说之易证也。

印度上及中长身贝石灰岩之与我国燧石石灰岩上部之 Lyttonia 及 Oldhamina 层相当，毫无疑义。燧石石灰岩中部或可与乌拉系属同时，亦有 Schwagerina princeps 之存在，以为之证。则栖霞石灰岩自应隶属前 Schwagerina 级之某一部，但其珊瑚生物群之特别，亦碍难谓其完全

---

① 刘季辰，赵汝钧《江苏地质志》；《地质专报》甲种第四号。

② Hsien C. Y.: *Stratigraphy of Southeastern Hupeh*；《地质学会会志》第三卷，第二号。

与印度之下长身贝石灰岩或乌拉山之 Gaschellian 级相当。凡栖霞石灰岩中之珊瑚化石，皆全限于长江流域，亚洲他处及欧、美等地，均未之见，腕足类化石之每有与南美上石炭纪上属同种，或极相近者，如 Orthotichia morganiana var. chihsiaensis 及 Streptorhynchus（Kiangsiella）pecriniformis var. nakingensis 似代表栖霞石灰岩中之生物属古太平洋区。乌拉山之 Gschelliai 系中亦有珊瑚化石颇多，经鉴定为 Syringopora，但皆未经显微镜下详细之研究，故其有无 Tetrapora 状珊瑚之存在，无由证明，殊属遗憾耳。

古生物学者对于上部古生代地层之分类，虽意见颇有不同，但关于上及中长身贝石灰岩之属二叠纪及下长身贝石灰岩与 Gschellian 之属标准上石炭纪则似无异议。俄国之乌拉系及 Artinskian 与上及中长身贝石灰岩之相当，在昔干尼郗夫曾经证明，新近吾师葛利普博士①亦力持斯议，而视之为二叠纪。据此新分类法，则巫山燧石石灰岩上部之 Lyttonia 及 Oldhamina 层属中二叠纪，中部之诸纺缍虫层属下二叠纪，底部之珊瑚层即栖霞石灰岩属上石炭纪。

南部之栖霞石灰岩与北部之太原系，地质时代大致相当，但化石则无一种相同者，其代表二隔绝之生物区也甚明。吾师李仲揆教授于史惟燕（Schellwien）在 Palæontographica 所著之纺缍虫篇中，曾见有一纺缍虫之图，原为李希霍芬氏所采集于镇江者。据彼大略之比较，谓与产自山东章邱及甘肃羊虎口本溪系内之 Nevfusulinella quaqu cylindrica 无以异若然则在滨江一节，栖霞石灰岩之下部，其亦有中石炭纪之存在，而与北部之情形相似乎。

总之，栖霞石灰岩显然代表一特殊之太平洋生物群区。据腕足类化石之鉴定及其地层上之次序，其时代属于上石炭纪，但其底部如将来能证明有少许中石炭纪之存在，亦无悖于理也。

① Gradau A，W：Permian of Mongolia.

江苏西南部之火山遗迹及玄武岩流之分布

董　常[1]

江苏西南部长江南北两岸，自德人李希霍芬来华考察之后，知多火山遗迹，其文见李氏著中国第三卷中南京之火山。其所记火山旧址，有方山、灵岩山、双女山、大铜山、小铜山等。并于江浦浦镇之西北玄武岩中，有含霞石之记事，此碱性岩石，盖在中国第一次所发见也。民国七年夏，余游迹金陵，曾住江浦浦镇、江宁方山、句容等处，一寻其迹。八年冬，农商部地质调查所派安特生博士与余赴江苏、安徽、江西等省调查铁矿，复得于六合县境内，调查马头山、灵岩山、方山等处。既余又往句容调查赤山。数次所见，统察结果与李氏所载之记事，颇有不同。兹将所见事实，与各地层之关系，述之于次。

一　地形

玄武岩流所成各山，高度约略相等，遥望如在一直线之上，各山之形状，均顶平如梯，骤视之方形，故我国每名此山曰方山、印山、孤山等，在西人名曰 butte 或 mesa，日人称曰桌山。亦皆因其形名也。其所以成为此种形状者，盖熔岩流于地面，宛如长带，后复经气水等之风化侵蚀，其破碎细块，为流水冲去，久之各相分离。其分虽之小者，久已侵蚀净尽，大者至今尚留其迹，现在所见遥遥相峙之各孤山此不过其侵蚀至今之残余耳（第一图）。在调查境内，玄武岩流所成各山之高度，约自一百五十至二百公尺，大者较高，小者略低，此因下部各层固

① 中国地质学会于 1922 年 2 月 3 日在北京成立时，董常是 23 位中国创立会员之一，并任首届评议员（任期至 1923 年）、编辑，供职于农商部地质调查所。——校者注

有参差，而侵蚀亦有盛衰也。

第一图　在六合县灵岩山北望熔岩流诸山之形势图

二　地质

方山在六合县城东偏南约二十五里，高约二百公尺，较左近各山为高，此山为余数次调查所见之唯一喷火口。其口缘向北破开，山之下部，为石英砂，砾层所覆。此砂、砾之上，又有火山质凝灰岩，自山之腹部至顶端，概为结晶质熔岩。

在下部砂砾层中，含石英及石英岩砾最多，亦有石灰岩砾。此上为火山质凝灰岩，厚约五公尺，中含火山弹，尤以底部为多。其大者长至一公尺，亦含石英砾，色橙黄，概由火山喷出物所成，此层与下部之砂砾层不相整合。（第二图）

灵岩山在方山西约十五里，高约一百八十公尺。山之下部，为红砂岩层，走向东西，倾斜向北二十度左右，层次颇厚，各层粗细颜色。均不相同，并夹灰白色粘土薄层。此上为砂砾层，层次水平，与下部之红砂岩层，不相整合，由石英砾、石英岩砾、石灰岩砾所成，中无火山物质。在山

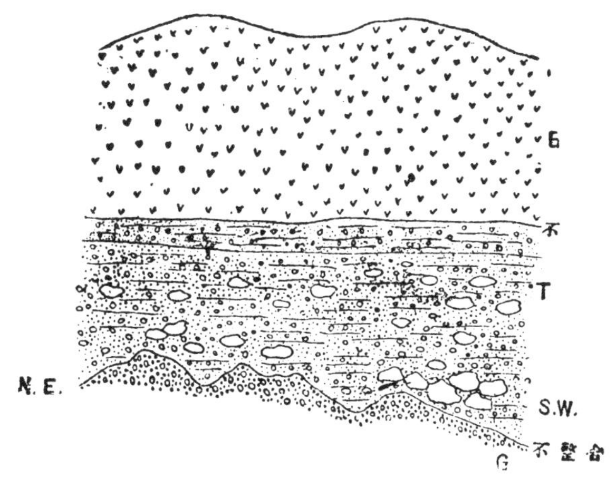

第二图　方山一部之剖面图

B. 玄武岩(Basalt)　　G. 砂砾层(Grave bed)

T. 火山质凝灰岩(Volcanictuff)

之东坡，沉积较西坡为厚，且中夹白色粘土层，东坡厚达二十五公尺，在西坡仅厚五六公尺而已。此层之上，为火山质凝灰岩，下致砂砾层不相整合，其性质与方山相同，惟其上下层次，益觉显明，更易分别而已。此上为熔岩流，在其接触部分，熔岩与凝灰岩，每成极薄互层，厚不满一尺。熔岩之在西面者，成柱状节理（第三图）。山之顶部，有熔岩风化之粘土，其厚度依山之高低而增减，在山之低处，厚达三公尺。此粘土层，初见似与中国北部玄武岩流上所积之黄土相同，然详察其成分，不特不含石英，且其中每见橄榄石风化细粒，此类风化粘土，在火成岩分布之处，每能见之，不可与北方之黄土层同一而论也。（第四图）安特生君曾以之与北方

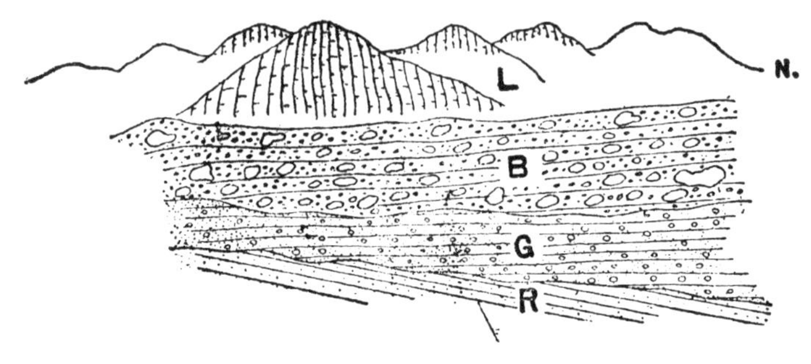

第三图　由东面观望灵岩山之一部

L. 玄武岩（Basalt）　　G. 砂砾层（Gravel bed）

B. 火山质凝灰岩（Volcanic tuff）　　R. 红砂岩（Red sandstone）

相比，谓系黄土之沉积，今据试验，不特加酸类不发气泡，且不含石英，可见其为玄武岩风化之垆坶无疑。

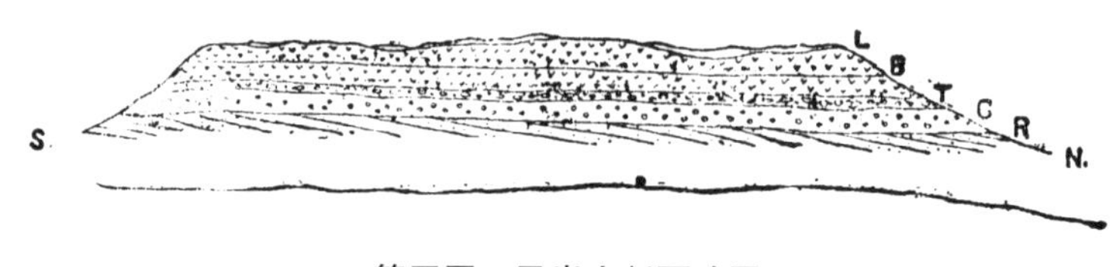

第四图　灵岩山剖面略图

R. 红砂岩（Red sandstone）　　B. 玄武岩（Basalt）

G. 砾砾层（Gravel bed）　　L. 垆坶（Loam）

T. 火山质凝灰岩（Volcanic tuff）

大红山、小红山在方山之东北四里，高一百六十三公尺，各地层之顺序，略与灵岩山相同，惟不若其完全而已。小红山即山之北峰。其初两峰本相连络，后因侵蚀而渐分离也。

马头山在六合城东北约三十里，西距八百桥镇六里，高约二百公尺，顶为玄武岩流，次为玄武岩薄层与灰色砂砾之互层，倾斜向东约二十度，又次为淡红色含熔岩弹砂砾层，中夹熔岩碎块，倾斜向东三十度，再次为玄武岩薄层；倾斜在三十度以上。愈至下部，倾斜愈急。自此以下，为沉积土所覆，未悉其详。

以上所述玄武岩流间各砂砾层之性质，与灵岩山所见者不同。其中既含有熔岩巨砾，且倾斜向东，其成立时间，既较在灵岩山者为新，且与各玄武岩流先后相间也。

在马头山之南部，则岩层情形，与上述稍有不同，上为玄武岩流与凝灰岩之互层，下为含熔岩弹砂砾层，中夹熔岩巨块，倾斜下部向东约十度，上部约五度。（第五图）

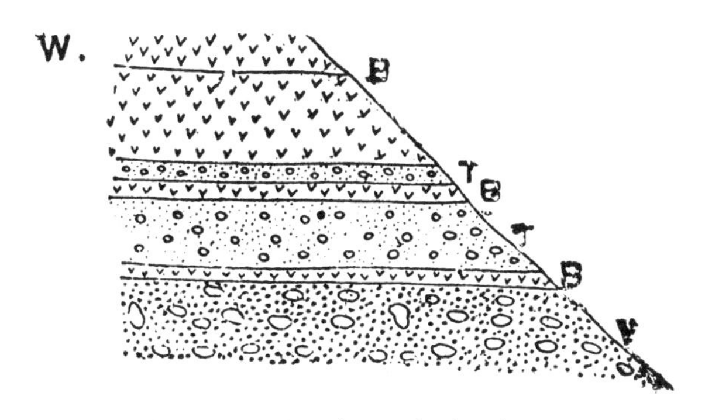

第五图　马头山南端一部分之剖面图

V. 火山质凝灰岩中含火山弹（Volcanic tuff with lava-bombe）

T. 凝灰岩（Tuff）　　　　B. 玄武岩（Basalt）

瓜阜山在瓜阜镇之东，西南距通口集十三里西北离六合城二十五里，高约一百三十公尺。山之上部，为玄武岩流，成柱状节理，下部为红砂岩，各地层之情形，与上述数者相异矣。

在六合县境内，火山岩流所成之孤山甚多，其性质及构造，概与灵岩山等相同，兹不备举。

江宁方山，在南京城南偏东四十五里高约一百公尺，上部为玄武岩流。岩质上松下疏，上呈黑色，下灰绿色，其下部岩层，在山之北面者，均为冲积土覆没，惟其邻近有红砂岩层。近据刘季辰及赵汝钧两君之报告，在山之南部，玄武岩流与红砂岩之间，有厚约三十公尺之砂

砾层，惟其上无火山质凝灰岩，此与江北六合之灵岩山情形又不同矣。(第六图)

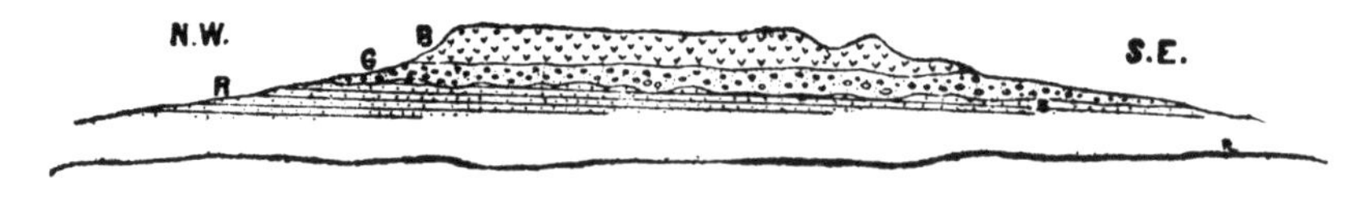

第六图　江宁方山剖面图略

B. 玄武岩(Basalt)　G. 砂砾层(Gravel bed)

R. 红砂岩(Red sandstone)据刘季辰赵汝钧二君报告，惟三岩层间均不相整合，故改之

赤山在句容、溧水两县之交界，东南离南京城约六十里，东距句容城约三十里，高一百二十余公尺。上为玄武岩，下部直与红砂岩相接。在红砂岩之下，并见砾岩层。其砾石以石灰岩为多，劳川氏所谓大通砾岩者即此。红砂岩直达山腹以上，呈赤色，故名赤山。(第七图)

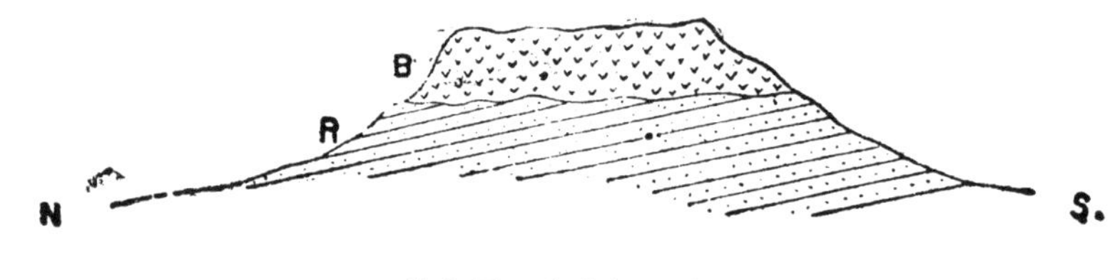

第七图　赤山剖面略图

B. 玄武岩(Basalt)　　R. 红砂岩(Red sandstone)

江浦县浦镇之西北，亦有玄武岩流，顶为黄土所覆，次为玄武岩，再次为白色粗砂岩之砂砾层，下部为石灰砾岩。

溧水县之浮山、丫髻山、瓦屋山等，据丁文江先生调查，亦为玄武岩流，其文见《芜湖以下扬子江沿岩之地质》，皆以不整合覆于红砂岩之上云。

仪征之大铜山、小铜山以调查未及，姑不记入，以待他日之补足。

以上所述，为各山地质之大要，其结果与李希脱芬所不同者，有下之各端。

一、以上所述，院六合方山可认为旧喷火口之外，其余均为玄武岩流所覆之孤山。

二、除六合方山之外，玄武岩流皆以不整合覆于水成岩层之上。

三、在灵岩山、红山等砂砾层之上，有火山质凝灰岩，中含熔岩弹火

山物质甚多，并夹石英砾。

四、马头山之玄武岩流与砂砾层交互成层，倾斜向东自二十度至三十度。

五、马头山等之砂砾层中，含有熔岩巨砾，此与灵岩山火山质凝灰岩下之砂砾层不同，故分别之称曰含熔岩弹砂砾层，此盖火山质凝灰岩与砂砾层间之过渡层。

六、各处玄武岩流覆于火山质凝灰岩或砂砾岩之上，故熔岩之时代较前二者为新，惟在马头山等之含熔岩弹砂砾层，与玄武岩流相互成层，故其时代与玄武岩互有先后。

七、灵岩山之顶部有垆坶(loam)沉积层。

八、黄土之沉积，在山腹山脚，亦有见之。

三　时代

我国南北各处，玄武岩流之分布颇广。北方内蒙古一带，自张家口至大同以北，成为玄武岩流高原。民国八年，安特生君在张家口北四十里满诺坝地方，发见含第三纪前半叶植物化石页岩，夹于玄武岩流之中。在此玄武岩之下，则有砾岩层，中含侏罗纪植物化石，在奉天，吉林玄武岩流之上，覆以渐新统之水成岩层，中夹石灰层，并含有植物化石以是北方之玄武岩流，依据植物化石，当属于渐新统，南方如江苏西南部之玄武岩流，即覆于火山质凝灰岩砂砾层或红砂岩之上者，大略情形，与北方相同，惟至今尚未发见化石，故其时代尚不能断定，或者与北方同属渐新统亦未可知。

四　岩石

江苏西南部之玄武岩可分两种，兹分述之于下。

(甲) 辉绿玄武岩。分布于六合方山，其在上半部者，色绿黑，多孔，完全结晶质，无橄榄石，含长石甚多。其结晶每于辉石交错成奥菲脱结构(ophitic Structure)，有钙钠长石(labradorite)，钠钙长石(oligoclase)两种，多双晶，辉石为绿色之普通辉石(augite)。此外含磷灰石及磁铁矿少许。在下半部山腹者，岩带白绿灰色，其成分性质，与上半部相同，惟稍含橄榄石。

此种岩石之性质，本与辉绿岩相近，惟其分布区域既小且下部稍含橄榄石大体论之，似仍名玄武岩为妥当也。

（乙）玄武岩。除六合方山之外，其他各处，均为玄武岩。在灵岩山者，色绿黑，在结晶长石辉石等之石基中，含有橄榄石，辉石斑晶，呈流状构造，长石为钙钠长石，中含磷灰石小结晶及磁铁矿粒，橄榄石成斑晶或粒状，偶结双晶。其经变质者，成为黄橄榄石（iddingsite）或蛇纹石（serpentine），中含磁铁矿粒。辉石以斑晶为多，亦含磁铁矿粒。在马头山者，与灵岩山相同。大小红山者，岩色绿黑，性质变与灵岩山同。惟粒小质密。在句容赤山者，质坚密，色灰绿，玻璃质石基中，含钙钠长石、橄榄石、辉石及磁铁矿。

其他如浦镇、瓜阜山等处，岩石之性质，均与上述者相同。故不备述，惟霞石则各处均未之见。

江苏凤凰山铁矿之化学成分

王　琎

江苏凤凰山位置于江宁县城之南，距城约五十里许，与秣陵关镇相近，素以产铁著。民国初年时间，日本人曾觊觎之，冀得开采权，后因事未果。三年前，江苏省政府遣矿师测量其产铁量。据最近调查[①]，其铁矿储量不过二百万吨耳。

当时为苏政府任调查该矿之事者，为席鸣九君。席君于山之各部，采取矿样四十余种，嘱代化验其紧要成分。担任化验之事者，为张江树君、周景涛君、王义珏君及作者。今将其所得结果汇录于下。虽矿中所含各质，未能将其完全分析，惟当时任化验诸君俱曾耗费多日，从事研究，则其结果对于留心吾国之铁产及地质者，或不无价值之可言也。

分析用之方法　凤凰山铁矿为赤铁矿，其所含杂质颇多。研究时所特别注意者，为其中所含之氧化矽、氧化铁。氧化硫氧化磷之量，因其与所制成之铁之成分有特别关系也。至于锰质，则但酌量选择数个矿样化验，而对于镁钙铝等原质，则但测其存在与否，而未加以直接之定量分析也。

分析所用之方法，与普通所常用者无异，今但略叙之如下：

(a) 溶液之制成。将矿砂以玛瑙乳钵碾至极细然后以浓盐酸及氯酸钾处理之，蒸发至干数次，使矽酸物分解，于是加稀盐酸，使可溶物俱溶，而过滤其不溶物。

(b) 氧化矽之测定。将(a)节所得之不溶物置白金钳锅中烘干之，

① 《科学》九卷十期《中国铁矿储量之最新统计》。

然后加热至高温度，待其重量不变后，乃用氟酸及硫酸处理之。于是二氧化矽与氟酸化合成 SiF_4 挥发而去，其所失之重量，即为二氧化矽之量。

(c) 铁量之测定。由(a)节过滤后所得之滤液，今加水使稀，制成500 c. c. 之溶液。取此溶液之一定体积，例如20或40 c. c.，加热使沸，然后逐渐加氯化第一锡 $SnCl_2$，使溶液内之铁还原成第一铁盐类。当溶液之颜色自黄色变成无色即为铁完全还原之证。于是加水使稀。冷后加氯化第二汞 $HgCl_2$ 溶液，则过多之氯化第一锡能与氯化第二汞化合成氯化第一汞之白色沉淀分出。此时乃用规定之重铬酸钾 $K_2Cr_2O_7$ 溶液滴定之，用第二铁蜻[①]酸钾 $K_3Fe(CN)_6$ 为指示药，由所用去规定铬酸之量，可由下方程式关系计算铁之重量：

$$6FeCl_2+K_2Cr_2O_7+14HCl \longrightarrow 6FeCl_3+2KCl+2CrCl_3 7H_2O$$

(d) 氧化磷之测定。取制成之溶液(c)节之一部分，其体积为50 cc.，以氢氧化錏中和之，然后加浓硝酸约10 c. c. 许，热之至70℃，加钼酸錏 $(NH_4)_4MoO_4$ 溶液约30 c. c. 许，于是有黄色沉淀 $(NH_4)_3PO_4 \cdot 12MoO_3$ 分出。分出二小时后，再行通滤，所滤出之沉淀，以硝酸钾溶液洗涤之。待酸洗净后，将沉淀与滤纸俱移至一净烧杯中，由滴管中加以规定氢氧化钠溶液，待黄色沉淀皆溶，而加入之氢氧化钠既为过多之时，乃加入指示药(phenolphthalein)少许，则溶液之颜色即转为红，于是用规定之盐酸滴定过多之氢氧化钠，待溶液颜色变为无色而后止。自所用去之氢氧化钠与盐酸之量，可计算氧化磷之成分。其所用之原理可以下方程式示之：

1. $H_3PO_4 + 12(NH_4)_2MoO_4 + 21HNO_3 \rightarrow (NH_4)_3PO_4 \cdot 12MoO_3 + 21NH_4NO_3 + 12H_2O$　黄色沉淀分出
2. $(NH_4)_3PO_4 \cdot 12MoO_3 + 23NaOH \rightarrow 11Na_2MoO_4 + (NH_4)_2MoO_4 + NaNH_4HPO_4 + 11H_2O$　黄色沉淀溶去
3. $NaOH + HCl \longrightarrow NaCl + H_2O$

① “蜻”今写作“氰”。——校者注

(e) 氧化硫之测定。将原矿砂之另一部分,与固体炭酸钠及硝酸钾混合均匀,置诸白金坩锅中,以高温度烊化之,于是将烊化所成之固体以热水浸出其硫酸盐,然后过滤,硫酸皆在滤液之中,乃加盐酸少许,使成酸性,再加热使适达沸度,于是将氯化钡溶液逐渐加入,则硫酸根即成硫酸钡分出矣。此硫酸钡以水洗净后,置坩锅中烘干而求其重量。

(f) 锰之测定。取(c)节所制成之溶液约 100 c. c. ,加以氢氧化铔及碳酸钠,使适成红色。然后加醋酸铔而热之至沸,则铁俱成氢氧化铁分出,而锰则仍存于溶液之中,此时再加氢氧化铔与溴溶液,则锰成二氧化锰分出矣。待数小时后,将该沉淀过滤洗净,置坩锅中烧之成 Mn_3O_4,而求其重量,与其含锰之量。

进行锰之分析,后以时间不敷,故遂停止。然已经分析者有八种,亦足代表其成分之一斑矣。

今将各矿样四十个化验之结果列表如下:

表一

矿砂号数	1	2	3	4	5	6	7	8	9	10
不溶物%	29.81	36.82	20.46	14.78	14.73	19.29	13.88	10.51	6.81	11.67
养化矽 SiO_2%	—	—	10.57	12.40	12.32	15.53	9.47	9.02	5.95	9.29
铁 Fe%	45.59	38.64	52.26	56.71	55.73	49.96	57.03	55.13	63.23	57.63
氧化铁 Fe_2O_3%	65.15	55.25	74.62	81.10	79.75	71.40	81.50	78.75	90.40	82.40
硫 S%	0.53	0.55	0.56	0.57	0.47	0.43	0.54	0.47	0.57	0.64
氧化硫 SO_3%	1.32	1.37	1.40	1.42	1.17	1.07	1.35	1.17	1.42	1.60
磷 P%	0.37	0.45	0.18	0.41	0.36	1.24	0.33	0.29	0.36	0.21
氧化磷 P_2O_5	0.85	1.03	0.45	0.95	0.83	2.84	0.76	0.66	0.83	0.48
锰 Mn%	0.41	0.44	0.31	0.33	0.15	0.51	0.14	0.25	—	—
氧化锰 MnO%	0.52	0.57	0.40	0.43	0.19	0.66	0.18	0.32	—	—

表二

矿砂号数	11	12	13	14	15	16	17	18	19	20
不溶物%	45.65	47.31	30.88	29.78	13.75	24.71	32.96	18.72	15.54	29.62
氧化矽 SiO_2%	10.65	23.06	15.91	17.82	8.16	—	19.91	15.91	9.84	20.84
铁 Fe%	25.30	28.63	42.42	42.28	57.31	47.74	39.98	51.96	56.32	42.77
氧化铁 Fe_2O_3	36.15	40.90	60.60	60.40	81.90	68.25	57.15	74.25	80.50	61.20
硫 S%	4.08	0.61	0.54	0.52	0.44	0.48	0.50	0.49	0.45	0.46
氧化硫 SO_3%	10.20	1.52	1.35	1.30	1.09	1.20	1.25	1.22	1.12	1.15
磷 P%	0.21	0.05	0.35	0.28	0.16	0.14	0.07	0.38	0.17	0.1
氧化磷 P_2O_5	0.48	0.12	0.79	0.63	0.37	0.32	0.16	0.86	0.40	0.27

表三

矿砂号数	21	22	23	24	25	26	27	28	29	30
不溶物%	22.52	17.01	23.95	26.25	9.54	22.50	46.06	24.54	14.28	16.76
氧化矽 SiO_2%	12.49	13.58	16.85	12.50	7.96	—	26.33	19.29	12.82	14.97
铁 Fe%	47.07	51.81	40.64	46.37	59.25	43.40	31.23	43.98	54.50	46.80
氧化铁 Fe_2O_3%	67.25	73.10	58.10	66.25	84.60	62.10	44.65	62.85	77.90	66.90
硫 S%	0.56	0.46	0.47	0.68	0.67	0.55	0.69	0.73	0.48	0.47
氧化硫 SO_3%	1.40	1.15	1.17	1.70	1.67	1.37	1.72	1.82	1.20	1.17
磷 P%	0.20	0.73	2.18	0.30	0.22	0.52	0.14	0.04	0.23	0.35
氧化磷 P_2O_5	0.46	1.67	5.00	0.69	0.51	1.19	0.32	0.09	0.53	0.81

表四

矿砂号数	31	32	33	34	35	36	37	38	39	40
不溶物	19.39	15.85	17.88	22.32	43.47	16.25	17.73	12.66	17.58	14.87
氧化矽 SiO_2%	此部 SiO_2 未另行测定									
铁 Fe%	49.25	53.65	52.60	48.65	37.50	52.75	52.85	57.22	52.85	54.26
氧化铁 Fe_2O_3%	70.40	76.65	75.15	69.50	53.60	75.40	75.50	81.80	75.50	77.50
硫 S%	0.44	0.49	0.50	0.60	0.42	0.38	0.46	0.48	0.52	0.57
氧化硫 SO_3%	1.10	1.22	1.25	1.50	1.05	0.91	1.15	1.20	1.30	1.42
磷 P%	0.41	0.45	0.32	0.50	0.19	0.19	0.07	0.096	0.28	0.14
氧化磷 P_2O_5%	0.95	1.04	0.74	1.14	0.43	0.44	0.17	0.22	0.63	0.33

结论。观于以上之结果，知矿砂之各部，其成分颇不相同。若计算其平均成分，则得以下结果：

不溶物	22.40%	内有 SiO_2	13.6%
Fe_2O_3	68.40%	内有 F	47.83%
SO_3	1.52%	内有 S	0.61%
P_2O_5	0.78%	内有 P	0.34%
MnO	0.41%		
Al_2O_3+CaO 约 6.49%+MgO 等			

以此成分与国内之其余著名铁矿相比较，其矿质诚不能谓之佳，大冶铁矿之成分大概如下①。

Fe	60.36%	CaO	Trace	P	0.05%
SiO_2	7.80%	MgO	0.40%	S	0.054%
Al_2O_3	2.02%	MnO	0.32%	Cu	0.36%

① 《科学》六卷一期黄金涛《汉阳铁厂冶铁法》。

宣化之铁矿，其含铁在55.7%左右。山西诸铁矿，其含铁亦在58.9%左右。而凤凰山矿含铁乃在47.83%左右，以之炼铁，未免有损经济。加以其中含硫殊高，第二表中第十一号矿砂其不溶于酸之部分，几占全量之半，其三氧化硫之高，则为10.20%。铁矿之类此者，无炼铁之价值。所幸其中之似此者，尚不多耳。但无论如何，就凤凰山铁矿之性质与数量言，皆不得谓之优矿。以吾国目前冶铁之情形观之，则距其可利用时期，尚甚辽远也。

南京鱼类之调查

张春霖[①]

一　鲟(白鲟)

体长约一倍半于头及吻长,二十倍于体高,梭形,前部略平,后部较扁。皮光滑。吻延长成一扁片,其基部厚,向尖端渐狭。口在下甚大。齿多而小,上下颚及舌均有之。目极小,在侧面,有二小须。侧线显明。胸鳍不甚长。腹鳍小。尾下片短,上片有七 Falcra. 体色上灰下白。眼黑。吻半透明。体长五十一英寸,有长至数丈者。产长江中。肉味美。

二　鳣(黄鲟)

体长四倍于头长,八倍于体高。吻长二倍半于头长。背部有骨片十三片,体侧各四十二片,腹部各十二片,故凡五行,鳃孔后有一片,臀尾鳍间有二片,胸鳍前各有一小片。体长。头吻平。口在腹面吻下眼小。四

---

① 张春霖(1897—1963),蒙古族,河南开封人,鱼类学家、教育家,中国现代鱼类学的主要开创者及奠基人。

早年师从秉志等人。1926 年 6 月毕业于国立东南大学,获农学学士学位。旋任中国科学社生物研究所助教。1928 年 8 月赴法国留学,研究鱼类学。1930 年 10 月获法国巴黎大学研究院理学博士学位。1931 年后先后在北平静生生物调查所、北京大学、北京师范大学、中法大学、北平中国大学等机构任职或任教。1947 年夏到 1951 年底在北京师范大学任教授并曾兼生物系主任。1952 年初到 1963 年任中国科学院动物标本工作委员会(1953 年改为动物研究室,1957 年改为动物研究所)研究员兼鱼类部主任。1963 年 9 月 27 日因病逝世于北京。

著有《中国鲤科志》(1933)、《脊椎动物分类学》(1936)、《古生代化石鱼类学》(1950)、《鱼类的演化》(1951)、《中国系统鲤类志》(1959)、《中国鲇类志》(1960)。——校者注

小须在吻下。体色背部灰褐,腹部白色。体长九英寸。四五月间,出现于长江中。

三　鮆(刀鱼)

体长六倍半于头长,约五倍于体高。头长四倍于吻长,五倍于眼径,二倍于头宽。体长而扁,自胸背鳍向尾尖削,上颚片延长至胸鳍基部,上有锯刺。眼稍高,在侧面。口大。齿小腹部有锯刺,二十二在腹鳍前,二十四在其后。胸鳍有六长须。臀鳍甚长。体长六英寸。春二三月长江池沼中均有之。用作食品。

四　伦氏鮆

与刀鱼相似,惟臀鳍之刺较多,为九十九个。

五　长尾鮆

与前二种相似,臀鳍之刺最多,凡一百一十六。

六　银鱼(残脍鱼)

体长五倍余于头长,二十余倍于体高。头长二倍半于吻长,十三倍于眼径。体细长。头微平。齿小。眼在头之侧面。背鳍偏后。背柔鳍在臀鳍上方。尾歧。体乳白色。眼黑。长十五糎许。

七　鲤(鲤鱼)

体长约五倍于头长,三倍于体高。头长约一倍半于头宽,二倍于眼径,体偏,前部凸起,口有须两对,上一对短,下一对长。背鳍前有二棘。臀鳍有一棘。鳞大,有三十七在侧线上,上至背鳍下至腹鳍各五鳞。体色背苍灰,腹淡黄,体长自十九糎至三英尺。长江池塘中均有之。食用。

八　鲋(鲫鱼)

体长三倍半于头长,二倍半于体高。头长约二倍于头宽,四倍于吻长。体形似鲤。口无须。侧线上有鳞二十八个，上下各五，长十五糎余。大江池塘中均有之。亦为食用。

九　鳟（赤眼）

体长约四倍半于头长，五倍于体高。头长约二倍于头宽三倍于吻长，六倍于眼径。体前部近圆，后部扁，腹部圆口角有短须。眼大。鳞大沿侧线有四十六个，上六下三。尾分歧，体长二十四糎。池沼均有之。食用。

十　鳡（竿鱼）

体长五倍于头长，七倍半于体高。头长约三倍于其宽，三倍余于吻长，八倍于眼径。体长而略扁。头小。吻圆。口大。眼在侧面，稍高。侧线上有鳞一百一十一个，上有十五，下有六背鳍在体之中部。腹鳍稍前于背鳍。胸鳍低。臀鳍在背鳍后下方。尾分歧。体色上灰褐，下淡黄。体长自十一英寸至三英尺。冬日市上最多。产于长江及池沼中。食用。

十一　鲌（短尾白鱼）王长条

体长约四倍于头长，四倍余于体高，体扁。腹深。眼大。口翘。侧线在体之中部下折。鳞大。背鳍在体中部；臀鳍三角形。体长一百四十七糎。溪流池沼中均有之。食用。

十二　红翘鲌（白鱼）

与短尾白鱼相似。唯尾较长。鳍尖红色。

十三　翘头鲌

亦与短尾白鱼相似，唯体较长，头翘。

十四　鲚（白条肉鲹）

体长约五倍于头长，五倍于体高。头长二倍于其宽，三倍于吻长，约四倍于眼径，体甚长而扁。头扁而尖。眼大，在侧面。吻圆。侧线在腹鳍前约三鳞处下折。鳞大，沿侧线有四十二个，上七而下三。背鳍约在体之中部。腹鳍在背鳍下之稍前方，尾深歧。体色上灰下白。体长一百一十八粴。食用。

十五　鳙（黑鲢，胖头鲢）

体长三倍于头长，约四倍于体高。头长二倍余于头宽，三倍于吻长。体扁，前部阔。头大。口大。吻阔。无须。眼大而低，在侧面。鳞小，沿侧线九十三个，上十八而下十二，背鳍前六十二个。背鳍距尾基较吻端为近。胸鳍低。腹鳍在背鳍稍前下方。臀鳍在其后。尾分歧。体色上部淡黑，周身有黑点。体长自二百四十五粴至二英尺。大江池沼中均有之。食用。

十六　鲢（白鲢，鲌）

体长四倍于头长，三倍半于体高，头长四倍于吻长，七倍于眼径。与黑鲢相似。唯头较小。体较长，白色，为不同耳。食用。

十七　突头鲹

体长六倍于头长，五倍于体高。头长二倍于其宽，三倍于吻长，四倍半于眼径。体扁，头后部稍突起。眼大。口在腹面。无须，侧线前端稍曲折。背鳍在体中部而稍前。腹鳍在背鳍下。尾深歧。体色上灰余为银白色。长百零五粴。食用。

十八　凹口鲹

体长五倍半于头长，五倍余于体高。形状略似突头鲹。惟头后不突起及体较长。

十九　花花媳妇

体长约四倍于头长，四倍余于体高。头长二倍于其宽，三倍余于吻长，五倍于眼径。体长而扁。头光滑。吻短而圆。口在腹面。眼大。鳞大，沿侧线有四十一个，上四下三。侧线直，前端稍曲折。尾歧。身上有纵纹三条，体长一百九十粴。

二十　打船钉

体长约五倍半于头长，七倍于体高。头长二倍半于吻长，四倍于眼径。体细长，近圆形，自背鳍后渐渐细尖。头亦近圆形。吻钝。口在腹面，马蹄形。二小短须在口角。眼大。侧线在背鳍下稍下曲。沿侧线凡一百五十二鳞，上五下三。尾歧。体色上灰下淡黄，侧线上有黑斑纹。体长一百三十五粴。

二十一　花棒锤

体长四倍于头长，五倍于体高。头长二倍于吻长，四倍于眼径。体长微扁。头长，前端有一凹。吻钝。口在腹面，马蹄形，二小须在口角。眼大。背鳍稍偏于体前。腹鳍在背鳍下后方。臀鳍稍偏后。尾歧。鳞大，沿侧线有三十五，上下各四，背鳍前十一。侧线直。体褐色(在福莫淋中)，头鳍及全体有黑点，背鳍及吻有黑纹，头上有二黑斑。体长一百粴。

二十二　罗汉鱼(石诸子)

体长五倍于头长，四倍余于体高。头长三倍于吻长，约五倍于眼径。体长而扁。头扁。吻钝。眼大。口稍斜。无小须。鳞大。沿侧线三十八，上下各五。胸鳍低背鳍在体中间，腹鳍在背鳍下。体色上灰下白，长三英寸余，无太长者。

二十三　鳊(扁鱼)

体长约四倍于头长，三倍于体高。头长二倍于其宽，四倍半于吻长，四倍于眼径。体甚扁，前端深。头扁。眼大于吻。口在前端。沿侧线有鳞一百五十三，上十而下九，背鳍在体中部。腹鳍在背鳍下而稍向前。臀鳍在腹鳍后。尾深歧。体色淡灰。长二百粴。食用。

二十四　鲩(混子,草鱼)

体长约五倍于头长,四倍半于体高。头长约三倍半于吻长,五倍于眼径。体长而扁。后部稍深。头之后部,其深较宽为大。眼大。口稍斜。鳍小。背鳍在吻及尾基之中间。腹鳍在背鳍下,较背鳍短。尾歧。侧线显明。体色在福莫淋中灰褐。各鳍均有黑点。体二自三百粴至二英尺。池沼长江中均有之。食用。

二十五　石光片

体长约四倍于头长,约二倍半于体高。头长约二倍于其宽,约三倍半于吻长,三倍于眼径。体甚扁,近斜方形。头扁。吻圆而短。背隆起。口在腹面。有二极短小须。眼在侧面。背鳍居吻及尾基之中间。腹鳍在背鳍下。臀鳍在腹鳍后。尾深歧。体色上灰下白。鳞大,沿侧线三十二个,上五下四。体长六十粴。

二十六　鲶(似鲤)

体长约四倍于头长,四倍于体高。头长二倍半于吻长,四倍于眼径。体长扁。头稍尖眼大。口在腹面。上颚有小须一对。侧线前端稍曲。鳞大,沿侧线四十九。上七而下五,十四个在背鳍前。背鳍距吻端较距尾基为近。腹鳍在背鳍后下方。尾深歧。体色在酒精中淡褐色,背、背鳍及尾有黑点。体长八英寸,春夏池沼中有之。

二十七　膨皮

体长约五倍半于头长,约二倍半于体高。头长四倍于吻长,三倍于眼径。体短而扁。近斜方形。头小而扁。口小稍斜。眼大。鳞之排列紧密。侧面三十六个。背鳍距吻端较尾基为近。尾歧。在福莫淋中体上部灰褐色。下部淡黄色,体长六十七粴。

二十八　泥鳅

体长六倍于头长,七倍于体高。体长稍扁。头小。吻长而钝。眼小。口在腹面。无齿。有小须五对,口上之三对较长,上二对较短。鳞甚小。侧线亦不显明。背鳍短与腹鳍相对,约在体之中间。胸鳍短而低。体色上灰下白,上部满布黑点。体长八英寸。池沼中多有之。食用。

二十九　花鳅

体长二倍余于头长,约六倍半于体高。头长二倍于其宽,约二倍半于吻长,约七倍于眼径。体长扁。头长尖。口在腹面,马蹄形。眼小。小须三对。侧线直。鳞甚小。背鳍距吻端较尾基为近。腹鳍稍后于背鳍。尾深歧,体色淡黄,有黑色横纹六条在背鳍前,八条在其后,五条在尾,三条在背鳍。尾基中央有一大黑斑。体长四英寸半。

三十　沙鳅

体长约五倍于头长,七倍半于体高。头长约二倍于其宽,二倍半于吻长。体甚长而扁。头长而扁。吻长。眼小。口小,在腹面。短须八。鳞甚小。背鳍在背之中部。尾歧。侧线短。起自头至胸鳍左近。体色淡黄,侧面有二黑纵纹,背鳍前六黑斑。其后有七,尾基有一大斑。长四英吋半。春日池沼中有之。

三十一　鲶(鲶鱼)

体长约四倍半于头长,约六倍于体高。头长三倍于吻长,十二倍于眼径。体长,无鳞。前端最高,后端稍扁。头平宽,吻平。眼小。口阔。齿锯形。小须两对。口上之一对较长,下一对稍短。背鳍小。臀鳍后部与尾相连。体色上灰下白。体长自四英寸至三英寸。大江池沼中均有之。食用。

三十二　胡子鲶

体长四倍于头长,约五倍半于体高。头长约三倍于吻长,十一倍于眼径。体长。无鳞。头平。吻宽。口阔,在腹面。眼小,有八小须,齿锯形。背鳍,臀鳍,尾相连。体色黑褐,体长一百三十五粴。

三十三　鲍(灰鱼)

体长约四倍于头长,约五倍于体高。头长约二倍半于吻长。约十倍于眼径。体长而后部扁。吻圆而突。口在腹面。齿锯形。眼甚小,有八小须,均短而细。背鳍距柔鳍与距头相等。腹鳍在背鳍下后方。尾深歧。体长自二十一英寸至三英尺。肉味美。

三十四　鲶丝

体长约四倍于头长,六倍于体高。头长约三倍于吻长,五倍于眼径。体无鳞而长,后部扁。头阔而扁。吻短而阔。眼小。口阔在腹面。小须八,背鳍在胸鳍棘前。柔鳍与臀鳍相对。胸鳍低,其上有骨板。腹鳍在背鳍后,尾深歧。有侧线。色黄或灰,有灰色纵纹在体侧。长一百四十粴。

三十五　灰鲶

体长约三倍半于头长,约四倍于体高。头长约一倍半于其宽,二倍半于吻长。体长无鳞。头含骨板。眼小。小须六。背鳍高。柔鳍短。胸鳍有棘。尾歧。体色在福莫淋中上黑下灰。长十五英寸。

三十六　鳗(鳗鱼,白鳝)

体长七倍半于头长,十六倍于体高。头长一倍半于其宽,约三倍于吻长,十倍于眼径体长,近圆管形,后部稍扁。头长,圆锥形。眼小。齿小。有侧线。背鳍起首较臀鳍为近于头,与尾联结不分。无腹鳍。体灰色。体长自三百粴至三英尺。

三十七　鱵

体长七倍半于其高,近圆筒形。头不甚扁,下颚延长,上颚短阔。头及上颚上均有鳞,侧线上有鳞一百零八。脑鳍高,腹鳍距胸鳍甚远。背鳍与臀鳍相对。尾歧。体色在福莫淋中上淡褐而下银白。长八英寸。

三十八　乌鱼(黑鱼)

体长三倍余于头长,约七倍于体高,体稍扁。头长有鳞。侧线上有鳞六十,上七而下十五,背鳍前有三十二鳞。背鳞一个,甚长。胸鳍低。腹鳍距胸鳍不远。全身有十二条横纹,二条较深之纵纹自眼延长至鳃孔。体长自八英寸至四英尺。

三十九　鳢(七星乌鱼)

体长三倍半于头长,五倍余于体高。头长一倍半于其宽,二倍半于吻长。体长而后部扁。头大,宽而平。口大。鳞大,沿侧线有五十四,四上而十三下。侧线颇曲折,自鳃孔起向后七鳞,再向上经八鳞,又下折经三鳞,以后直至尾基。无腹鳍。背鳍起于胸鳍后上方。臀鳍在背鳍之第十二刺下起首。胸鳍短而宽。尾圆。在浮沫淋中黑色。体侧有八个V字形纹,尾基有一大黑斑点,头上亦有二黑纵纹,并有数金色点。体长十二英寸。此鱼不多。鲜作食品。

四十　鳜(桂鱼,桂花)

体长约二倍半于头长,约三倍于体高。头长约一倍半于其宽,四倍半于眼径,三倍于吻长。体深而扁,隆起。头大。吻宽。前鳃盖有数棘。主鳃盖有一棘。鳞甚小,沿侧线一为三十,上有二十六下有五十,背鳍前有三十二。胸鳍圆。背鳍二,前者在鳃盖后,后者对臀鳍。腹鳍在胸鳍后下方,臀鳍在腹鳍与尾基之间。尾扇形。周身及背鳍臀鳍及尾有黑点,有褐色条纹自吻至背。体长自十五英寸至二英尺。长江池沼中有之。食用。

四十一　鲈(鲈鱼)

体长约三倍半于头长。四倍半于体高。头长二倍于其宽,约四倍于吻长,四倍半于眼径。头上有鳞,前鳃盖有数棘,主鳃盖后部成柔膜。有一棘。眼大。口大。有侧线。鳞小,在侧线上有八十八,上十二而下二十六。背鳍二,基部相联。腹鳍在胸鳍后下方。体上部黑点。体百七十二粴。食用。

四十二　鲽鱼

体长约三倍余于头长,三倍于体高。头长二倍于其宽,四倍于吻长,四倍于眼径。体甚扁。头扁上有鳞。吻圆。眼大。口小。无侧线。背鳍约在吻端与尾基之中间。腹鳍稍后于胸鳍。臀鳍之第七刺延长。体色美丽。鳃盖旁有黑斑一。体长五粴,无过大者。

四十三　鲽(比目鱼,草鞋鱼)

体长五倍半于头长,约三倍半于体高。头长约二倍于吻长,二十倍于眼径。体舌状。头有鳞。眼在体左侧。距甚近,上眼较向前。鼻孔二,一在眼间口裂在体右侧较大。鳞小,体左侧有三侧线,右侧有一。背鳍自吻起,与臀鳍延长至尾。体色左褐而右淡黄,长二百七十粴。产长江中。

四十四　鰕(鰕虎,鲨鱼,虎头沙)

体长约三倍于头长,约五倍于体高。头长约五倍于吻长,十倍于眼径。体前部近圆筒形,后部扁。头稍平,上有鳞。眼高。口大。吻短而宽。无须。无侧线。背鳍二,分开。腹鳍二,亦分离。头身及各鳍均有黑白斑点。长百六十粴。食用。

四十五　纹鰕

体长四倍于头长,四倍于体高。头长约一倍半于其宽,三倍半于吻长。体稍隆起。形略同鰕,体侧有十四黑横纹,除胸腹鳍外各鳍均有黑条纹。体长十一粴。

四十六　黄虎鲨

体长约四倍于头长,六倍半于体高。头长一倍半于其宽。三倍于吻长。体前部近筒状,后部扁。形状略与上二种相似。腹鳍连合。体长六十六粴。

四十七　刺鳅

体长约六倍于头长，九倍于体高。头长三倍半于吻长，八倍于眼径。体细长。头无鳞。吻圆。口大。眼小。鳞甚小。侧面有三百四十二，背鳍前有三十五。无腹鳍。胸鳍扇状。背鳍与臀鳍联结。背鳍前有小体数个。体长九十粴。

四十八　鳝(黄鳝)

体长十倍于头长，二十六倍于体高。头长约二倍于其宽，头高高于体高，体长无鳞。齿小。眼尤小。无小须。有侧线。无胸鳍。背鳍，腹鳍均狭而为膜状。臀鳍不分明。尾短。体黄色有黑小点。体长自四百粴至三英尺。夏日多。食用。

南京木本植物名录

林　刚[1]

此篇调查范围，系以南京城区附近为限。附郭一带童山濯濯，树木之种类殊少，自表面观之，似乎乔木除松柏杨柳檀栎榆槐等之散见于寺宇坟墓之旁，灌木如鼠李奴柘雪柳牡荆等之野生于荒郊墙隅外，余殆无所睹者，然实际一查，其种类尚觉不少，即就作者足迹所及，而已发见者，亦有二百三十余种之多，至其学名多系由美国植物专家迈洛氏（E. D. Merril）及芮特氏（Alfred Rehder）所审定。兹将各植物之名称及产地科序列如下，其中种类有系近年由他处移植此间，而为余所知者。特附记号 * 藉质区别。

Cycadaceae 苏铁科

1. Cycas 苏铁属

　　① C. revoenta

Ginkgoaceae 银杏科

1. Ginkgo 银杏属

　　① G. biloba, L. 银杏　　　　古林寺，灵谷寺，牛首山

① 林刚（1891—1979），经济林学家。浙江平阳人。1921 年毕业于金陵大学林科。曾任金陵大学、河南大学教师，广西农学院教授。建国后，历任林业部广西油桐研究所副所长、研究员，湖北农学院教授、森林系主任，浙江林学院教授，中国林业科学研究所林业科学研究室主任、研究员，中国林学会第二届理事。长期从事经济林的科研和教学工作，为我国经济林科研的开拓者。撰有《森林法规》、《世界森林概况》、《浙江乌桕品种和优良单株选择调查研究》、《油桐十年试验纪要》等。——校者注

Taxaceae axaceae 红豆杉科

1. Podocarpus 罗汉松属
   * ① P. chinensis, Wall. 罗汉松 中大农学院
2. Torreya 榧属
   * ① T. nucifera, S. et Z. 榧树 中大农学院
3. Taxus 红豆杉属
   * ① T. cuspidata, S. et Z. 红豆杉 中大农学院

Pinaceae 松杉科

1. Pinus 松属
   ① P. bungeana, Zucc. 白皮松 侯府花园,朝天宫
   * ② P. densiflora, S. et Z. 日本赤松 中大农学院
   ③ P. massoniana, Lamb. 马尾松 各处
   * ④ P. pentaphylla, Mayr. 五叉松 中大农学院
   * ⑤ P. tabulaeformis, Carr. 赤松 同上
   * ⑥ P. thunbergii, Parl. 日本黑松 紫金山
2. Picea 云杉属
   * ① P. glehni, Mast. 赤虾夷松 中大农学院
   * ② P. sp. 金大校园
3. Tsuga 铁杉属
   * ① T. sieboldii, Carr. 日本铁杉 中大农学院
4. Abies 冷杉属
   * ① A. sp. 冷杉 大仓园
5. Cunninghamia 杉属
   ① C. lanceolata, Hook 杉树 栖霞山
6. Chamaecyparis 扁柏属
   * ① C. pisifera, S. et. Z. 扁柏 中大农学院
7. Cryptomeria 柳杉属
   * ① C. japonica, D. Don 柳杉 金大校园

7a. Cupressus.

① Cupressus funebris 花圃中

8. Thuja 侧柏属

① T. orientalis, L. 侧柏 各处

9. Juniperus 桧属

① J. chinensis, L. 桧树 各处

* ② J. chinensis var. procumbens, Endl. 偃桧 金大校园

③ J. formosana, Hay. 刺柏 侯府花园

10. Sequoia 世界爷属

* ① S. sempervirens, Endl. 世界爷 中大农学院

11. Taxodium 落羽松属

* ① T. distichum, Rich. 落羽松 中大农学院

12. Cedrus 喜马拉雅杉属

* ① C. deodara, Loud. 喜马拉雅杉 金大校园

Gramineae 禾本科

1. Phyllostachys 苦竹属

① P. bambusoides, S. et Z. 苦竹 各处

② P. congesta, Rendle 淡竹 各处

Palmae 棕榈科

1. Trachy carpus 棕属

* ① T. fortunei Wendl. 棕树 各处庭园

Liliaceae 百合科

1. Smilex[①] 菝葜属

① S. herbacea, L. 菝葜 方山

② S. herbacea, L. 牛尾菜 方山

① 似应为 Smilax。——校者注

Salicaceae 杨柳科

1. Populus 杨属
   ① P. adenopoda, Max. 响叶杨 紫金山,幕府山
   * ② P. balsamifera, L. 美国杨 鼓楼公园
   * ③ P. nigra var. italica, Du Roi 意大利白杨 各处庭园
   ④ P. simonii, Carr. 白杨柳 古林寺附近
   ⑤ P. tomentosa Carr. 毛白杨 清凉山及各处
2. Salix 柳属
   ① S. amygdalina, L.? 幕府山附近
   ② S. babylonica, L. 垂柳 各处
   ③ S. glandulosa, Von Seem. 干河沿,阴阳营
   * ④ S. Miyabeana, Von Seem.? 幕府山林场
   ⑤ S. Wilsonii, Von Seem. 水杨柳 太平门外

Juglandaceae 胡桃科

1. Platycarya
   ① P. strobilacea, S. et Z. 化香树 清凉山
2. Pterocarya �柳属
   ① P. stenoptera, DC. 枰柳 鼓楼附近
3. Juglans 胡桃属
   * ① J. regia, L. 胡桃 金大校园
4. Carya 山核桃属
   * ① C. pecan, Asch. et Graebn. 山核桃 斗鸡闸西人庭园

Betulaceae 桦木科

1. Alnus 赤杨属
   * ① A. japonica, S. et Z. 赤杨 金大农场
   * ② A. multinervis, Call. 中大农学院

Fagaceae 壳斗科

1. Castanea 栗属

　① C. bungeana, Bl. 板栗　古林寺

　② C. sequinii, Dode. 茅栗　牛首山

2. Castanopsis 钩栗属

　① C. relerophylla, Schott. 苦槠　牛首山

3. Quercus 栎属

　① Q. aliena, Bl. 槲栎　牛首山

　② Q. fabri, Hce. 白栎　紫金山,古林寺及各处

　③ Q. glandulifera var. brevipetiolata, Nakai. 枹　紫金山

　④ Q. serrata, Thunb. 麻栎古林寺,灵谷寺及各处

　⑤ Q. variabilis, Bl. 栓皮栎　古林寺,紫金山

Ulmaceae 榆科

1. Ulmus 榆属

　① U. parvifolia, Jacq. 榔榆　各处

　② U. pumila, L. 榆树　金大校园

2. Celtis 朴属

　① C. biondii, Pamp.　灵谷寺

　② C. sinensis, Pers. 朴树　各处

3. Zelkova 榉属

　① Z. serrata, Mak. 榉树　古林寺,小门口

4. Hemiptelea 刺榆属

　① H. davidii, Planch. 刺榆　古林寺,小门口

5. Aphananthe 朴属

　① A. aspera, Planch. 沙朴　牛首山

Moraceae 桑科

1. Morus 桑属

　① M. alba. L. 桑树　各处

2. Broussonetia 构属

① B. papyrifera, L'Her. 构树 各处

3. Vanieria 柘属

① V. tricuspidata, Her. 柘树

4. Ficus 无花果属

* ① F. carica L. 无花果 中大农学院

② F. foveolata, Wall. 崖爬藤 牛首山附近

③ F. pumila. L. 薜荔 台城,明陵

Aristolochiaceae 马兜铃科

1. Aristolochia 马兜铃属

① A. mollissima, Hce. 方山

Lardizabaceae 木通科

1. Holboellia 镇木通属?

① H. coriacea, Diels 铁木通? 古林寺附近

2. Akebia 木通属

① A. quinata 各处

Berberidaceae 小檗科

1. Nandina 南天竹属

* ① N. domestica, Thunb. 南天竹 金大校园

2. Berberis 小檗属

* ① B. thunbergii var. pluriflora Koehne? 金大校园

3. Mahonia 十大功劳属

* ① M. bealei, Carr? 十大功劳 神杭苗圃

Magnoliaceae 木兰科

1. Magnolia 木兰属

① M. denudata, Desr. 玉兰 灵谷寺

* ② M. grandiflora, L. 洋玉兰 侯府花园

2. Michelia 白玉兰属

* ① M. champaca, L. 白玉兰 庭园

* ② M. figo, Bl. 含笑花 息圃花局

3. Liriodendron 鹅掌楸属

* ① L. chinensis, Sarg. 鹅掌楸 神州苗圃

L. tulipifera 金大校园

Calycanthaceae 腊梅科

1. Meratia 腊梅属

① M. praecox, Rehd. et Wils. 各处庭园

Lauraceae 樟科

1. Cinnamomum 樟属

* ① C. camphora, Nees et Eberm. 樟树 金大校园

2. Sassafras 檫属

* ① S. tzumu, Hemsl. 檫树 中大农学院

3. Benzoin 山胡椒属

① B. fragrans, Oliv. ? 古林寺

② B. glaucum, Bl. 山胡椒 同上

Saxifragaceae 虎耳草科

1. Philadelphus. 山梅花属

* ① P. coronarius, L. 山梅花 中大农学院

2. Deutzia 溲疏属

* ① D. scabra, Thunb. 溲疏 金大校园

3. Hydrangea 绣球花属

① H. hortensia, DC. 绣球花 各处庭园

4. Ribes 茶藨子属

① R. fasciculatum, S. et Z. 茶藨子 牛首山

Pittosporaceae 海桐花科

1. Pittosporum 海桐花属

  ＊ ① P. tobira，Ait. 海桐花 金大校园

Hamamelidaceae 金缕梅科

1. Liquidambar 枫香树属

  ① L. formosana，Hce. 枫香树 灵谷寺

2. Fortunearia

  ① F. sinensis，Rehd. 牛皮发 紫金山

Platanaceae 法国梧桐科

1. Platanus 法国梧桐属

  ＊ ① P. orientalis，L. 法国梧桐 各处庭园

Rosaceae 蔷薇科

1. Spiraea 绣线菊属

  ① S. blumei，G. Don. 翠蓝茶 台城

  ＊ ② S. cantoniensis，Lour. 麻叶绣球 金大校园

  ③ S. prunifolia，S. et Z. 笑靥笑 幕府山

  var. plena 南门

2. Exochorda 金瓜果属

  ① E. racemosa，Rehd. 金瓜果 牛首山

3. Chaenomeles 海棠属

  ＊ ① C. japonica，Lindl. 贴梗海棠 鼓楼公园

  ② C. sinensis，Kaehne 木瓜 灵谷寺

4. Pyrus 梨属

  ① P. betulifolia，Bunge 棠梨 北极阁

  ② P. serrotina，Rehd. 梨 各处庭园

5. Malus 林檎属

　　① M. pumila. Mill?　　金大农场

6. Eriobotrya 枇杷属

　　① E. japonica. Lindl. 枇杷　　各处庭园

7. Photinia 扇骨木属

　　① P. serrulata, Lindl. 石楠　　各处

　　② P. davidsoniæ, Rehd. et Wils?　　牛首山附近

　　P. villosa

8. Crataegus 山楂属

　　① C. cuneata, S. et Z. 山楂　　紫金山

9. Kerria 棣棠属

　　* ① K. japonica, DC. 棣棠　　金大农场

10. Rubus 悬钩子属

　　① R. parvifolius, Mich. 刺莓

　　② R. phoenicolasius, Max.

11. Rosa 蔷薇属

　　① R. banksiæ, Ait. 木香花　　各处庭园

　　② R. indica, L. 月季花　　同上

　　③ R. laevigata, Miq. 金樱子?　　紫金山

　　④ R. microcorpa, L. 雀梅　　同上

　　⑤ R. cathayensis forma, alba 野蔷薇　　各处

12. Prunus 桃属

　　① P. armeniaca, L. 杏　　各处

　　② P. salicina L. 李　　各处

　　③ P. japonica Thunb. 郁李　　清凉山

　　④ P. persica, stokes 桃　　各处

　　⑤ P. pseudo-cerasus, Lindl. 樱桃　　后湖

Leguminosae 豆科

1. Albizzia 合欢属
   - ① A. julibrissin, Dur. 合欢树 古林寺
   - ② A. kalkora, Prain. 紫金山
2. Gleditsia 皂荚属
   - ① G. macracantha, Desf. ? 皂角 中大农学院
   - ② G. sinensis, Lamb. 皂荚 三牌楼,阴阳营
   - * ③ G. sp. 鼓楼公园
3. Caesalpinia 云实属
   - ① C. sepiaria, Roxb. 云实 沿山十二洞
4. Sophora 槐属
   - ① S. flavescens, Ait. 苦参 紫金山
   - ② S. japonica, L. 槐树 各处
5. Cercis 紫荆属
   - ① C. chinensis, Bge. 紫荆 青龙山,各处庭园
6. Indigofera 木蓝属
   - ① I. macrostachys, Vent. 录穗,木蓝 紫金山
7. Wistaria 紫藤属
   - ① W. sinensis, Sweet. 紫藤 牛首山
8. Caragana 锦鸡儿属
   - ① C. chamlagu, Lamb. 锦鸡儿 斗鸡阁
9. Lespedeza 胡枝子属
   - ① L. bicolor, Turcz. 胡枝子
   - ② L. floribunda, Bge. 紫金山
   - ③ L. formosana, Koehne 台湾胡枝子
   - ④ L. juncea, Pers. 铁扫希 清凉山
   - ⑤ L. serricea, Miq. 各处
   - ⑥ L. tomentosa, Sieb. 白荻 紫金山

10. Robinia 刺槐属
 * ① R. pseudo-acacia, L. 刺槐 各处庭园
11. Dallbergia 黄檀属
 ① D. hupeana, Hce. 黄檀 古林寺

Rutaceae 芸香科

1. Zanthoxylum 花椒属
 ① Z. alatum, Roxb. 狗花椒 紫金山
 ② Z. bungei, Planch. 蔓椒
 ③ Z. setosum, Hemsl. 野花椒
2. Poncirus 枸橘属
 ① P. trifoliata, Raf. 枸橘 金大校园
3. Dictamnus
 ① D. alba, L. 白鲜 汤山,惜山

Simarubaceae 苦木科

1. Picrasma 苦楝属
 ① P. quassioides, Benn. 苦楝 幕府山
2. Ailanthus 樗属
 ① A. altissima, Swingle. 各处

Meliaceae 楝科

1. Cedrela 香椿属
 ① C. sinensis, Juss. 香椿 清凉山
2. Melia 楝属
 ① M. azedarach, L. 楝树 各处

Euphorbiaceae 大戟科

1. Securinega 一叶荻属
 ① S. fluggeoides, Muell. 一叶荻 各处

2. Glochidion 馒头果属

Puberum.

① G. fortunei, Hce. 馒头果 汤山头

3. Bischofia 胡杨属

* ① B. javanica, Bl. 胡杨 鼓楼公园

4. Alcornea 麦包叶属

① A. davidii, Franch. 山蔴杆 紫金山

5. Aleurites 油桐属

* ① A. fordii, Hemsl. 油桐 第一造林场

6. Sapium 乌桕属

① S. sebiferum, Roxb. 乌桕 三牌楼,铁心桥

Buxaceae 黄杨科

1. Buxus 黄杨属

① B. microphylla, S. et Z. Var. 黄杨 侯府及各处庭园

Anacardiaceae 漆树科

1. Pistacia 黄连木属

① P. chinensis, Bge. 黄连木 各处

2. Rhus 漆树属

* ① R. hirta, Sudw. 鼓楼公园

② R. javanica. L. 盐肤木 古林寺

③ R. verniciflua, Stokes 漆树 后湖

Aquifoliaceae 冬青科

1. Ilex 冬青属

① I. cornuta, Lindl. et paxt. 猫儿刺 紫金山

② I. oldhami, Miq.? 冬青树 牛首山

Celastraceae 卫矛科

1. Evonymus 卫矛属
   - ① E. alata, Koch. 卫矛　台城
   - ② E. bungeana, Maxim. 丝棉木　各处
   - ③ E. japonica, Thunb. 黄杨　各处庭园
   - ④ E. kiantchovica var. patens, Loes.　牛首山
   - E. radiata 扶芳藤　城垣
2. Celastrus 南蛇藤属
   - ① C. angulatus, Max. 老虎麻藤　清凉山附近
   - ② C. hookeri, Prain. ?　古林寺附近

Staphyleaceae 省沽油科

3. Euscaphis, 野鸦椿属
   - ① E. japonica, Dip. 野鸦椿　牛首山

Aceraceae 槭树科

1. Acer 槭属
   - ① A. ginnala. Max. 茶条　鸡鸣寺,各处
   - * ② A. negundo, L. 美国槭　金大校园
   - * ③ A. palmatum, Thunb. 槭树　庭园
   - ④ A. trifidum, Hook. et Arn. 三角枫　各处

Sapindaceae 无患子科

1. Sapindus 无患子属
   - ① S. mukorosi, Gaertn. 无患子　牛首山
2. Koelreuteria 栾属
   - ① K. paniculata, Laxm. 栾树　汤山,鼓楼公园

Rhamnaceae 鼠李科

1. Paliurus 铜钱树属

① P. orientalis, Hemsl. 铜钱树 幕府山

2. Zizyphus 枣属

① Z. sativa, Gaertn. 枣 太平门外

3. Rhamnella 猫鼠李属

① R. obovalis, Schneid. 猫鼠李 阴阳营

4. Rhamnus 鼠李属

① R. crenatus, S. et Z. 水冻绿 古林寺附近

② R. globosus, Bge. 黑弹子 同上

③ Ri japonicus, Max. 鼠李 同上

④ R. rugulosus, Hemsl. 同上

5. Hovenia 枳椇属

① H. dulcis, Thunb. 枳椇 龙盘里

6. Sageretia 杪桔木属

① S. pycnophylla, Schneid. 对角刺 台城

Vitaceae 葡萄科

1. Vitis 葡萄属

① V. thunbergii, S. et Z. 野葡萄 幕府山

2. Parthenocissus 地锦属

① P. heterophylla, Merr. 爬山藤 金大

Tiliaceae 田麻科

1. Tilia 菩提树属

① T. mandschurica, Rupr. et Max.? 菩提树 牛首山

Malvaceae 锦葵科

1. Hibiscus 木槿属

① H. mutabilis, L. 芙蓉 庭园

② H. syriacus, L. 木槿 各处

Sterculiaceae 梧桐科

1. Firmiana 梧桐属
   ① F. simplex, Wight. 梧桐 各处

Theaceae 山茶科

1. Thea 茶属
   ① T. japonica, Nois. 山茶花 庭园
2. T. sinensis, L. 茶 牛首山

Guttiferae 金丝桃科

1. Hypericum 金丝桃属
   ① H. chinensis, L. 金丝桃 牛首山
   ② H. sampsoni

Tamaricaceae 柽柳科

1. Tamarix 柽柳属
   ① T. chinensis, Lour. 柽柳 斗鸡闸

Thymelaeaceae 瑞香科

1. Daphne 瑞香属
   ① D. genkwa, S. et Z. 芫花 各处
   * ② D. odora, Thunb. 瑞香 庭园

Elaeagnaceae 胡颓子科

1. Elaeagnus 胡颓子属
   ① E. pungens, Thunb. 胡颓子 牛首山,南门外
   ② E. umbellata, Thunb. 牛奶子 紫金山

Punicaceae 安石榴科

1. Punica
   ① P. granatum, L. 安石榴　　太平门外

Lythraceae 千屈菜科

1. Lagerstroemia 紫薇属
   ① L. chinensis, Lamb. 紫薇　　各处庭园

Alangiaceae 瓜木科

1. Alangium 瓜木属
   ① A. platanifolium 八角枫　　各处

Araliaceae 五加科

1. Acanthopanax 刺楸属
   ① A. ricinifolius, Seem. 刺楸　　紫金山,小门口
   ② A. spinosum, Miq. 五加　　龙蟠里
2. Hedera 爬墙虎属
   ① H. 爬墙虎　　各处

Cornaceae 山茱萸科

1. Cornus 山茱萸属
   ① C. macrophylla, Wall.? 株木　　紫金山
   ② C. waterii, Wang.　　明陵附近

Ericaceae 石南科

1. Rhododendron 石南属
   ① R. Sw. 杜鹃花　　栖霞山
   ② R. Sw. 羊踯躅　　牛首山

2. Vaccinium 越橘属

① V. bracteatum，Thunb. 乌饭叶 牛首山

Ebenaceae 柿树科

1. Diospyros 柿树属

① D. kaki，L. 柿 各处庭园

② D. lotus，L. 君迁子 幕府山

③ D. sinensis，Hemsl. 野柿 沿山十二洞

Styracaceae 齐墩果科

1. Styrax 齐墩果属

① S. philadelphoides，Perk. 齐墩果 青龙山

Symplocaceae 灰木科

1. Symplocos 白檀属

① S. paniculata，A. DC. 白檀 灵谷寺

Oleaceae 木犀科

1. Fontanesia 雪柳属

① F. fortunei，Carr. 雪柳 各处

2. Fraxinus 白蜡树属

* ① F. americana，L. 美国白蜡树 中大农学院

② F. chinensis，Roxb. 白蜡树 牛首山附近

3. Forsythia 连翘属

* ① F. viridissima，Lindl. 连翘 金大校园

4. Syringa 丁香属

① S. vulgaris，L. 丁香 金大校园

5. Osmanthus 木犀属

* ① O. fragrans，Lour. 桂花 各处庭园

6. Chionanthus

　　① C. retusa, Lindl. 幕府山附近

7. Ligustrum 女贞属

　　① L. lucidum, Ait. 女贞树 各处

　　② L. quihoni, Carr. 小叶女贞 太平门外

8. Jasminum 迎春花属

　　① J. nudiflorum, Lindl. 迎春花 庭园

Apocynaceae 夹竹桃科

1. Trachelospermum 络石属

　　① T. jasminoides, Lem. 络石 青龙山

2. Nerium 夹竹桃属

　　① N. odorum, Soland. 夹竹桃 庭园

Borraginaceae 紫草科

1. Ehretia 厚壳属

　　① E. thyrsiflora, Nakai. 厚壳 蒋王庙附近

Loganiaceae 马钱科

1. Buddleia 醉鱼草属

　　① B. lindleyana, Fort. 醉鱼草 庭园

Verbenaceae 马鞭草科

1. Vitex 牡荆属

　　① V. negundo, L. 牡荆 古林寺

2. Clerodendron 海州常山属

　　① C. trichotomum Var. fargesii, Rehd. 南门外西善桥

Solanaceae 茄科

1. Lycium 枸杞属

　　① L. chinensis, Mill. 枸杞 台城

Scrophulariaceae

1. Paulownia 泡桐属

    ① P. tomentosa, Steud. 中大农学院

Bignoniaceae 紫葳科

1. Catalpa 楸属

    ① C. bungei, Meyer. 楸 古林寺

    ② C. ovata, G. Don 梓 金大农场

    * ③ C. speciosa, Ward. 黄金树 同上

Rubiaceae 茜草科

1. Gardenia 栀子花属

    ① G. angusta, Merr. 栀子花 丁家桥

2. Serissa 六月雪属

    ① S. serissoides, Rehd. 六月雪 北极阁

Caprifoliaceae 忍冬科

1. Sambucus 接骨木属

    ① S. racemosa. L. 接骨木 蒋王庙附近

2. Lonicera 金银木属

    ① L. maackii, Max. 金银木 古林寺

3. Diervilla 锦带花属

    * ① D. coraeensis, DC. 锦带花 金大校园

4. Viburnum 荚蒾属

    ① V. dilataum, Thunb. 荚蒾 幕府山

    ② W. tomentosum.

南京自然史略

秉　志[1]（于星海述）

中国科学社生物研究所曾费其一部分时间与经费调查沿长江流域之生物。故南京动植物之调查，其工作之一部分也。南京及其附近之区，幅员虽有限，而所产之动植物足以代表长江下游，凡自芜湖至上海一带之生物南京无不产生。以时局不稳经济不裕之故，本所对于此种工作未免进行较缓。虽数年以来继续不辍，他日对于南京生物必有较完美之报告。下面所言仅为本地动物之概略，疏漏之处所不免也。

在报告数年来所调查之物动之前，对于南京地势须有简单之说明。

---

① 秉志（1886—1965），原名翟秉志，字农山，别号际潜。满族，翟佳氏。祖籍吉林，河南开封府驻防正蓝旗满洲旗籍举人。动物学家、教育家，中国近代生物学的主要开拓者和奠基人。参与发起组织中国第一个民间科学团体中国科学社，刊行中国最早的综合性学术刊物《科学》杂志。

1908 年毕业于京师大学堂，毕业平均分数 79.1 分，因英文主课不及 60 分降中等，以各部司务补用。1909 年第一批庚款留美，赴美国康奈尔大学。1918 年获美国康奈尔大学哲学博士学位。1921 年创办南京高等师范学校生物系。1922 年与其他生物学家共同建立中国科学社生物研究所。1928 年与植物学家胡先骕创建了北平静生生物调查所。1934 年与中国动物学家共同发起成立了中国动物学会，任第一届理事长。当时由于秉志在我国学术界颇有名望，日本所刊的《支那文化动态》对他的情况调查得很清楚，敌伪方面千方百计地找他，企图拉他出来任事。秉志决心不为日寇所用，改名翟际潜，蓄起胡须，隐居起来。他躲在震旦大学的实验室里闭门做学问，同时还在友人经营的中药厂里研究药材蛀虫。

历任南京高等师范学校、国立东南大学、厦门大学、国立中央大学、复旦大学教授，中国科学社生物研究所、北平静生生物调查所研究员、所长，中国科学院水生生物研究所和动物研究所研究员，中国科学院学部委员等职。

在动物分类学、脊椎动物形态学、动物生理学、昆虫学、古动物学等领域均有研究，尤其精于动物解剖学，他全面系统地研究了鲤鱼实验形态学、江豚内脏的解剖，充实和提高了鱼类生物学的理论基础，对虎的大脑等研究有一定成就。——校者注南京位于长江之右岸。环城区域形势各殊。城之西部与长江之间,小山一带起伏连绵,高自一百英尺至二百英尺,山皆黄土所成。钟山在城外东北隅,遥控全城。其北沿东为一带较长山冈,临长江南岸,即幕府山也。城之东南多山岭,其显著者如汤山、方山及牛头山等。城之西南,有平原一片,距本所较远。南京城北东南三面,皆山围之,其西北则大江环之。在此环山带河之中,湖泽溪流不可胜数。土性水性颇有变异,其所产之动植物允宜注意者也。

气候之于生物有莫大之应响。南京所处之纬度与美国加州之生的哥(San Diego)及小亚细亚之耶罗撒冷同,皆系大陆气候。气压与温度,夏季雨量及南亚之时令风(monsoon Wind)等每年必有达于较高之度。

据竺可桢博士之气候报告,南京四邻无高山为之屏障,是以冬季不能避北极之寒气,夏季不能免热气与潮气。冬季寒气因西北风故甚凛冽,常历二三月之久。其寒度往往降低达于摄氏零点以下之十度。夏季热气有时能使寒暑表升至摄氏四十二度又十分之二以上。维此皆非常度。平均每年中有七个月,自三月至十一月中,霜霰未至,乃种植之期也。

南京雨季每年有二次。第一次在四月,第二次在六七月。九月间如遇海上大风波及内地,则有暴雨。自十月至次年三月如有暴雨皆系旋风雨。南京冬季为旱季,降雪较少。大雪乃数年一遇。地上积雪往往一二日即全行消化。南京与处于同纬度之北美东边沿海区相较,则南京在冬季较干,夏季较湿。

湿气在冬季较低,四月渐增,五月复灭。六月间有梅雨。七月间之湿气极重。是后逐渐减少,至十二月达于最低度数。然与北方相较,南京湿度在冬季犹甚高也。

其次南京之植物亦宜略为说明。据钱崇澍教授言:南京之植物合隐花类而言仅百余科。其中生长最繁者仅五六科,如蔷薇科(Rosaceae),豆科(Leguminosae),禾本科(Gramineae),大戟科(Euphorbiaceae),唇形科(Labiatae),菊科(Compositae),等。其比较普通者约有二十科左右,如莎草科(Cyperaceae),杨柳科(Salicaceae),胡桃科(Juglandaceae),壳斗科(Fagaceae),桦木科(Betulaceae),榆科(Ulmaceae),桑科(Moraceae)，石竹科(Caryophyllaceae)，樟科(Lauraceae)，毛茛科(Ranunculaceae)，十字花科(Cruciferae)，芸香科(Rutaceae)，苦木科(Simarubaceae)，漆树科(Anacardiaceae)，卫矛科(Celastraceae)，鼠李科(Rhamnaceae)，葡萄科(Vitaceae)，梧桐科(Sterculiaceae)，伞形科(Umbelliferae)，樱草科(Primulaceae)，马鞭草科(Verbenaceae)，茄科(Solanaceae)，桔梗科(Campanulaceae)，等。其余各科则甚鲜，非各区所得常见者也。

以上三端是其荦荦大者，与南京动物之生存及分布极有关系也。

无脊椎动物

南京动物为此次所欲讨论者，依动物自然之序，由下等动物而及于高等。淡水中之原生动物(Protopzoa[①])宜首先言及。南京城内外多湖泽溪流，土与水之化学成分及植物之生长，各随其沼泽而异。因此单细胞之动物亦随之而异。由采集所得已经审定者有一百六十余种。除几种已知，及普遍产生者外，其新种亦不少，如 Urostyla Paragrandis，Stichotricha accuminata，Euplotes novencarinata，Holophrya laterocallaris，Choanostoma pingi。此外更有一种 Amoeba，一种 Hyalosphenia，一种 Phacus，一种 Cryptomonas，一种 Mallomonas，三种 Holophrya，三种 Choenia，一种 Spothidium，一种 Porodon，一种 Lionotus，一种 Pleuronema，一种 Cyclidium，二种 Blepharisma，一种 Stylonichia，一种 Historia，一种 Aspedisea，均无定名尚须继续研究，大约皆新种也。其普通种类如 Amoeba proteus，Arcella vulgaris，Arcella descoides，Actinophrys sol，Euglena virides，Euglera deses，Euglena spirogyra，Eutriptia airides，Chilomonas paramaecium，Synura uvella，Dinobron sertularis，Chlamidomonas pulvieulus，Pandorina morum，Volvox perglobator，Coleps hirtus，Didinium nasutum，Loxophyllum lamella，Colpoda cucullulus，Paramoecium caudatum，Spirostomum ambigum，Stentor polymorphus，Urostyla grandis，Stylonichia mytilus，Vorticella nebulifera，Vorticella campanula 等，各处池沼中均有，其中秀美者如

---

① 似应为 Protozoa。——校者注

Euglena, Pandorina, Volvox, Chlamidomonas 等,色泽鲜丽,往往于春季聚于池中,水色增绿,甚可观也。他若 Synura, Actinophys, Stentor, Vorticella, Coleps, Arcella 等结构奇特,式样迥异,足资玩赏。以上诸种在南京极易采集,足供研究生理及生态者之取用。其他单细胞动物,未知之新种,必不少。是则有待于动物学者之探讨也。

南京之多孔动物(Porifera)(即淡水中之海绵)尚未经研究。淡水海绵生长于河滨之砖石上,或在桥梁之枝柱上。其种类之多少尚未能知,已知者仅二属而已,即 Spongilla 及 Trochospongilla。第二属中之一种为 philotiana。然此二属中必有不少种数,而此二属之外必有不少属数,是宜研究者也。

淡水中之腔肠动物,在池塘中最普通而习见者有一种,即水螅(Hydra vulgaris)。当春夏秋三季,荷塘里,极易寻觅,大抵附于水中之植物干上,如须根然。此类动物畜于水槽中,置于窗口,其生命亦可保持甚久。若得和暖之日光晒之,能伸展其体,有时在水中植物干上移转。有时借触手及其上部之力,亦能移动,捉食物。

南京之蚯蚓据调查所得共有九种。数年前所报告者为 Pheritima hupeiensis, Pheritima heterochaeta, Pheritima pingi, Pheritima hawayana。最近审定为新种者有 Pheritima vulgaris, Pheritima vulgaris agricola, Pheritima kiangsuensis 及 Pheritimaobscuritopora。据云此外另有二类,即 Allolobophosa caliginosasubsp trepozoides 及 Dnawida japonica。以上各种 Pheritima vulgaris 及 pingi 最为普通。此类动物,如达尔文所言,最有益于农艺,因其能使下层泥土上升地面,使土较松,转为沃壤。园丁虽不尽知其益处,而对之颇欢迎者,职是故也。在南京之诸种中以 Pheritima kiangsuensis 为最大,其最长者计有 350 mm。其次则在 300 mm。以下为多。大概南京之蚯蚓较小,其习性各不相同,有处于潮湿之地,亦有居于干燥之地。最普通之蚯蚓,常居于蝲蛄之穴中或与之邻近之处。是以于夜间循蝲蛄之声,不难觅蚯蚓之迹。一般人均以为阴湿之处所发之声皆发自蚯蚓,盖误以蚯蚓亦动物能发音声如一般直翅类之虫耳。

南京之水蛭,多生水中,居于水外潮湿之处者甚鲜。共有八种即

Glossiphonia lata, Glossiphonia (Helobdella) nude, Hemielepsis geei, Erporbdella octoculata, Hirundonipponica, Odontobdella blanchardi, Whitmania levis, Haemopis acranulatum。其中以 Whitmania 最大，且最多，易于采集也。南京多池塘，沿浅水河岸，其普通种类甚多。往往将瓦砾翻转，即有一二水蛭，恃吸器坚附于瓦砾之背。欲使之分离甚不易。此类动物西方古代医家常用之以吸取病人之血，然在南京旧式医生尚未注意及此。此类陆居者极少，居于潮湿之地者甚小。水蛭在南京不致有吮血之危害，非若海南或浙江之雁荡山竹林中。人经其处往往有水蛭附着于袖口衣襟，渐次吸及皮肤为可惧耳。此类动物，除供动物学家研究外，似不甚重要。

有许多贫毛虫(Oligochaetous worms)如 Nais, Polygordeus 等皆可于清水池中见之。此一类颇有研究之价值，维现在对于此类之知识尚未充实。关于扁虫(flat worm)已知者有三属，其种名尚未审定。其一为 Placocophalus，长约二尺，大都居于干土。此类特点在其扁阔之头，平扁之体，周以圆缘，及其背上前部三分之一之处之黑纹(dark mediam line)。全体之面均甚光泽。初获时，满体污浊，皆其分泌之质也。此属中似只一种，维其名则尚未确定。扁虫(Planaria)有二种在南京所常见。其一较大，其生殖器在显微镜下可以显见。其较小者尾部狭尖，生殖器虽详细观察亦不明了，此种内部组织，非用组织学之方法无从研究。是以考察此种生物之内部器官，与其较大者比较之，当有无限兴趣也。较大之一种甚普通，常生于石底之小池内。其所在处往往较敞亮。较小之一种则不然，其所在皆系阴暗之处。第三类为 Dendrocoelum 甚小，其种名尚不可知，大都在比较清洁之池中。

南京之寄生虫，非常丰富。该所研究，只限于生动之正常现象，而设备亦复有限。因此对于此类生物尚未着手考察。希望本所将来经费较裕人员较多可作此种之研究。

南京之轮虫在春、夏、秋三季中最繁盛，约有二十属，本所现正从事于研究。因其体积细微，生物学家偶尔游历南京者往往第注意于较大之动物，而于此物则忽视之。本所目的在考察南京一切动物，是以特别指导研究员开始从事于此种小生物之研究。本所创立以来即开始研究淡水中之原生动物(Protozoa)。轮虫之研究为新近开始之工作。据调查所得,车轮虫之在南京者其属为 Notommata, Proales, Salpina, (Notommatidae 科); Epiphanes (Epiphanida 科); Brachonus (Brachionidae 科); Mytiliua (Mytilinidae 科); Euchlanis, Lecane, Mouostyla (Euchlanidae 科); Hoscularia, Lemaias, Sinantherine (Hoseedaridae 科); Philodina, Rotaria (Alilodinidae 科); Colurella (Lapadellidae 科); Trichocera (Trichocercidae 科); Synchaeta (Synchaetidae 科); Polyarthra (Polyarthridae 科); Lestudinella (Lestudinellidae 科)。轮虫之生活史与其他各种现象宜详细研究。本所现正进行,且与各国对于此类专家互相商榷。希望不久有初步之报告。

软体动物中之斧足类(Pelocypods)约有五属以上。如 Corbicula, Anodon, Unio, Mycetopus, Mouocondylaea 等,腹足类(Gastropods)约有十属,如 Alycoeus, Bithynia, Paludina, Cyclophorus, Hyalina, Helix, Buliminus, Stenogyra, Clausila 及 Limax。以上各属系,据 Heude 所著之中国陆地与淡水中之软体动物而言。余以为上所述之各属尚未能包括南京所产。对于软体动物之详细调查,不容或缓,庶几有如许新种之发现,以增广知识。本所同人现作较广博之采集,数年之后可有较完全之调查。南京气候潮湿,尤以春夏霖雨时为甚,如 Limax, Clausilla Cyclophorus, Helix, Stenogyra 等往往于老屋门壁上见之。池塘中多浮萍(Elodeas, duck weeds)及水蕨(waterferns)者,Paludina 与 Anodon 甚多。浅水中 Unio, Anodon 亦常习见。Paludina 及 Anodon 工人常捕之以当食品。Corbicula 及 Unio 亦可以供食。其余二类食之者甚少。

其次为无脊椎动物中之最重要一类即节足类(Arthropods)是也。凡昆虫,蜘蛛及甲壳类等皆属此类。此类动物占动物界最大部分,极有经济之关系。研究南京自然历史要以节肢动物类为知识之富源。在本区以内,吾人所知者远逊于此类固有之数。以现在调查所及者仅甲壳类、蜘蛛类及几种昆虫而已。至于此类之生活史及其环境之应响尚未注意及之。甲壳类约有二十余种。其形体较小者为蠓虫类(Entomostraca)至如仙虾(Branchinella sp.)及鲎虫(Apus)皆躯体较大,春夏时清浅之沟池内常见之。水蚤(water fleas)约有十五种,如 Diaphnosoma brachyurum，属于 Sididae 科；Daphnia psittacea，Simocephalus，vetulus (Müller)，Scapholelaris mucronata，Ceriodaphnia megops，Coriodaphnia quadroangula，属 Moina sp. Ilyocryptus spinifer Herrick，Chydorus spharicus 于 Daphnidae 科；Cyclops affinis Sars，Cyclops leuckarti，Cyclops secrulatus，Cyclops visinus 属于 Cycelopi dae 科；Cypris crena，Cypria ophthalmica，Herpetrocypris intermedia 属于 Cypri-nidae 科；皆繁殖于池塘内供鱼类之食科。畜金鱼者，常于雨季，俟其繁盛而采集之，养于池中，待其孳生，以备旱季金鱼之食料。此类生物于养鱼家非常相宜，国人如以科学方法振兴鱼业，则此类生物之生活史及其孳生之方不可膜视。较大之甲壳类 Malacostraca 种类较少。蟹类有二种，Eriocheir sinensis，及 Potaman denticulatus，虾类有二种，Caridina denteculatus 及 Palaemon sinensis。以上二类均有经济价值，为人类所食者也。其体积均不甚大而产生极繁，价亦不贵。时当秋季，往往生长颇繁，水中易于捕获，渔人常于河滨浅水之处网罗之。蟹为秋季之佳肴，渔人多于河争捕之以谋利。

南京之蜘蛛类为吾人所知者甚少。除最普通者外，第知其名词，尚未研究其性质也。据已调查者，约有三十二三属。此类生物在春夏秋三季中常习见之，在冬季殊鲜见。欲捕捉之，颇不易，因其常伏于茂密草莽中，行动又疾，有时自坠于乱草中以避捕捉。有几种可以在空屋及墙壁上之蜘蛛网上得之。亦有水栖者，可以与其他水栖动物并捕之，维大多数于草丛中得之。本所所搜集者约略如次：栉足蜘蛛(Comb-footed spiders)：Theridion tepidariorum，Agyrodes bonadea Argyoroides nephidae，Ariamnes flagellum 属于 Theridüdae 科；圆网蜘蛛(orb-weavers)：Eucta chinensis，Leucauge retracta，Leucauge Veterasceus，Neslicus alteratus，Nephila clavata，Angiope aquior，Argiope amoena，miranda zabonika，Aranea pia，Arana quadrata Aranea sericata，Gasterocantha sp. Tetragnatha sp. Tetragnatha Cliens，Verrucosa sp. Neoscona sp. 属于 Argiopidae 科；苗圃蜘蛛(nurseryebw weavers)属于 Pisauridae 科；漏斗网蜘蛛(funnel webed spiders)：Agelena labyrinthica，Legenaria sp. 属于 Age anidae 科；狼蜘蛛(wolf-spiders)：Lycosa sp. Lycosa psendcannulats 及水蜘蛛(waterspiders)属于 Lycosidae 科;蟹蜘蛛(crab-spiders):Xysticus sp. Misumena sp. 属于 Thomisidae 科;跳蜘蛛(jumping spiders)包括飞蜘蛛(flying spiders)及蚁蜘蛛(Ant-spiders Synemosyna formica),属于 Attidae 科;其他类如 Taranturus sp. 属于 Taranturidae 科;Uroborus sp. 属于 Uroboridae 科;Scytodes thoracica Loxosceles rufescens 属于 Scytodidiae 科;Selenops bursarius 属于 Selenopidae 科;Pholcus opilionoides 属于 Pholcidae 科;Clubiona sp. 属于 Clubioidae 科;Uroctea comp actilis, Uroctea indica 属于 Uroctidae 科。其中所谓络新妇(weavingbride, Nephila clavata)极普通而最有趣味。其腹部似束一黄绿色之带,其网张于矮树或其他较低之处,颇便于动物家之采集。其中最普通者即俗所谓蝇虎,(Menemoris confusor)。日常于壁间,天花板上,往来游弋,专捕苍蝇。往往自后逐之,跃登其背上,带归佐膳。有时蛰伏不少动,俟蝇落于其背上,以二中足负蝇于背而趋归。Uroetea complactillis 或称壁钱(wall penny)当春,夏时常于老屋之壁上见之,其体之薄仅如纸,对光线窥之如透明然,其内部组织尚未研究,当必甚奇特。此种生物之形态发达生活史及环境之应响等现象,极有趣味。此外如栉足蜘蛛(Comb-footed spiders, Thoridion) Aranea, (Epiear Domeotica) Tetrang natha 等常往来于园中及人迹罕至之屋宇。此种生物非特无害于人,实能为人除苍蝇蚊虫等。

无脊椎动物中最后一类为数最多,亦最重要,即昆虫也。昆虫之研究,由昆虫局担任,该局长张巨伯先生曾示余已定名之昆虫约有二百余种,而未确定者尚不可胜数。对于南京之昆虫第取其经济关系及有美观者述之如次。

蝗虫(Locusta migratoria)为害虫之一。在昆虫局未成立之前,每年有大群蝗虫为禾黍害。南京城外良田之旁尽是荒地。蝗虫产子于荒田之土中。本地无严寒大雪,其卵常免于死。至明春气候和暖,其卵孵化为蝻,即于草田内生长。长至第二三期即爬行田外,渐至路上,蔓延至于草茎树干。在此时期其翅未长,未能高飞最易铲除。余偶或散步于小径,为余足践灭之者数殊不鲜。此种虫可用手拾或驱之使聚,然后以机械灭之。消弭蝗患最捷之法莫若垦荒,于秋冬之季将土壤翻覆之使松。

蝗虫之子藏匿于其内，冬季寒冻而死。如此次年蝗虫之患必大杀。另一方法广布杀虫毒剂。依经济昆虫家言麦粃，橘子汁，糖浆及砒霜混和之，以之杀蝗，最有效验。昆虫局对于以上二种根本方法皆未采用。其用以灭蝗者乃极简单之一法，然每年行之亦颇有效。其法即因国内人工低廉，每年派出曾受训练之局员若干人，督率大队巡捕及农人四处搜罗，所获每以石计。因之一年之中蝗患可以大杀而除患之费亦因法之简易而特廉。

其次有害之虫为二种螟虫 Chilo simplex Butt 及 Schoenbius inserteclus。昆虫局每年必费如许精力与时间以除其害。此种虫常出没于稻之干上，深藏于根或干之内，使捕捉者无所施其技。其驱除之法有二，其一设诱虫灯于田中捕其已长成之虫，其一搜集其卵而消灭之，因其卵皆产于稻叶上面，取之甚易也。以上两法均由昆虫局派遣曾受训练之职员指导农民消除之。金刚钻虫(Diamond boorer)为棉花之害，亦为昆虫局所注意。其生活历史已曾经研究，消除之法只以手捕捉幼虫而除之。此外更有棉花蚜虫(cotton aphis，gossypü)，桑蛾(Mulburry moth，Bombyx mandarina)，白蚁(termites)等皆为农业工业之害。昆虫局现方极力驱治之。

消灭蚊虫与苍蝇之法，亦因南京工价之廉，比较简易。行之有年颇见功效。蚊虫之幼虫，即以平常网罟在污浊之池沼中罗取之，然后置于干燥之地上。用多数巡警四处收罗，城内外池沼无处不搜。此幼虫因干而死，蚊虫因之减少，对付苍蝇之法，亦由昆虫局派员，用强度适宜之青酸盐[①](potassium cryanide[②])之溶液，杀其蛆于粪缸之中。每年进行之时，必广为布告，务使人民见池中有蚊虫之子或粪坑中有蛐者即报告该局设法消灭之。据昆虫局报告，其结果非常圆满而所费亦不甚大。

以上所言为南京常见之害虫。以下诸类皆为美丽可观之虫，生物家视为有趣味者也。依余等所知蝶类之已确定者有三十余种。如燕尾类有五，Papilio xuthus，Papilio palytes，Papilio machao chinensis，I apilio

① 应为“氰酸盐”。——校者注

② 应为 cyanide。——校者注

alcinous mansonensis，Papilio bianor 皆艳丽之虫也。其余如四足蝶类(Nymphitids)亦皆美丽有研究之价值。白菜蝶(white cabbage butterfly，Pairis rape L.)，在南京极普通。其散布最广泛。其同科之 Anthocharis bambusarum 与 Lycaenidae 科之 Chrysophanus phlaeas chinensis 皆自然界中之点缀品。蜻蜓类(dragoninies)已由 J. G. Needham 教授研究之，其大部分生活历史曾于其所著之《中国蜻蜓志》(*Chinese Odonata*)中详细说明。至于蜻蛉(damselflies)、甲壳虫(beetles)、蜂及蟋蟀等皆有趣味之生物，尚待研究审定也。

南京所产昆虫种类甚多，尤其以淡水中之昆虫为有研究之价值。余等欲多筹经费，预备研究长江下游之动物。希望此计划不日成功，开始工作耳。

余等所知未能包罗一切。以上系无脊椎动物之大概耳。至于详细完满报告，尚须假以时日。

脊椎动物

脊椎动物之种类为数较少，大概已由本所审定，且在专刊上报告矣。

鱼

常见之鱼可分十四科即 Polydontidae，Acipenseridae，Engraudidae，Salangilae，Cyprinidae，Siluridae，Anguillidae，Scombresocidae，Ophiocephalidae，Serranidae，Anabantidae，Soleidae，Gobiidae 及 Mastacembelidae。此十四科中提出讨论者只有经济价值几种而已。鲤鱼(carp)在湖河中甚普通。钓之者甚众。其为食品由来已久。在吾国北部与中部产生亦甚繁非南京特产也。鲫鱼(small carp，Carassius auratus)其佐膳之价值较鲤为低，其色常变红白，盖有变为金鱼之趋向也。其体较金鱼为大，其色由人工畜养而转变为红，美丽与金鱼等。园林中荷花塘内常畜之以为点缀。乌鱼(serpent head，Ophionphalus argus)为有价值之鱼。产生甚繁，大小适中，其味可口。此种鱼通年常有，为佳肴之一，人多嗜之。与此种鱼相似者有三种白鱼(Culter brevicauda，Culter erythropterus，Culterrecurvicepes)，二种鲢鱼(Hypothalmichthys，

Hypothalmichthys Nobilis 及 molitrex)皆河渠中极普通之鱼也。其次为银鱼(ice fish，Salanx cuvieri)，刀鱼(swords fish，Coilia nasus，Coelia rendahli，Coilia ectenes)，泥鳅(Misgurnus auguillicandatus)，鲶鱼(Sheat fish，Parasilutus asotus)，黄腊丁(Cat fish，Pseudobargus fulvidrace)，白鳝(ol，Angulla jopanica)，鱵鱼(haft billed fish，Hemiramphus sajori)，鳜鱼(Mandarin fish，Siniperca chuotsi)，鲈鱼(loo fish，Lateobrax joponicus)皆长生于南京城外溪流池沼中，且有价值鱼也。燕子鱼(slime carp，Myxocyprius asiaticus Nankinesis)为最近发现之新变种。此种鱼不若其他之普通，维其形体特异，颇易认识。脊背有长鳍，鳍前之脊微凹，其唇厚，其体深厚极易辨别。鲟鱼(Sturgion)曾于南京相近之长江中捕得。有二种，其一名黄鲟(Chinese sturgion，Acipenser sinensis)其一名白鲟(Yangtse beaked sturgion，Psephurus gladius)。第一种鱼长成时约长十英尺。此种鱼可从其背部、腰部、腹部所排列之鳞骨认识之。其首平扁，其鼻伸出如三角锥，其口小，目亦甚小，其尾斜歪，鼻之下部有触须四。此种鱼之皮色上面灰蓝，下面白色。其幼小者在春夏两季时常于市场上见之。其产地不限于南京附近，下游亦常见之。此种鱼原属于海产。生殖时始溯江而上。是以宜昌汉口等处亦见之。余曾于吴淞市上购得此种小鱼不少。其肉味颇佳，人多喜食之。白鲟(Yangtse beaked sturgion)之外形如鲛。余于江中曾得一尾长约130 cm。又尝于市中购得此种鱼之头一，约二英尺长。此种鱼长成时当有二十余英尺。其体成梭形，前端平扁，后部侧扁，皮光泽。其鼻平扁，其端尖，根阔而且厚，其口小，二齶上多细齿，目小，尾鳍斜歪。此种鱼之色，上部为灰棕色，下部色白。此种鱼与黄鲟(Chinese sturgion)同为人所嗜食。

两栖类

据吾人所知，南京之两栖类动物其种类尚不甚多。蝾螈只有一种，(Triturus orientalis)此种动物不产在城内亦不在附廓之区，只在城之东十五里栖霞山或龙潭方有之。常居于山涧或古刹旁之池塘中。凡比较清净而有水草之池塘，此种动物居之最宜。蝾螈长约三四英寸(9～

10 cm),其背黑褐色,其腹鲜红或橘色,有黄点分布疏而匀,其尾侧扁。栖霞山及龙潭而外未之见也。

南京之无尾两栖动物有二种蟾蜍,八种蛙,二种树蛙。蛙在池塘与田间最为习见,其种有虎皮蛙(tiger frog, Rana tigris rarugulosa),金线蛙(golden-lined frog, Rana nigromaculata),湖边蛙(lake neighbored frog, Rana limnocharis),其中金线蛙又分变种,nigromaculata, reinhardtii 与 mongolia 是也。虎皮蛙之身躯颇大,其背部之皮似树瘿,色绿如橄榄。金线蛙较虎皮蛙为小,其色在每年一定之时间内作鲜绿,旁有二条金线。此类动物可食,维人不采取之。湖边蛙之身躯更小,其数较多。在春夏两季其色灰,有大黄点甚多,沿背中有牛皮色之纹。在秋季或初冬蛰伏时其皮色红,黄点作深褐色,背纹隐约莫辨。此类散布甚广。除上三种之外另有三种蛙即蒲兰西蛙(Rana plancy), Rana chensinensis,日本蛙(Rana joponica)此皆不常见之种,尤以前二种为更希。南京亦有穴居蛙(Kaloula borealis)。其躯干比较肥胖,其头较小,其体平滑有小瘿附于上面,无隆起之纵纹,其胸部两腋间有褶痕一条。其背上面深灰褐色,在小瘿之巅更深,两旁色较浅,下部或污浊之白色或纯白色,其喉部大概浅淡灰褐色附以白点。此类皆于大江之北见之如浦口六合等处,南京大约为南布之终点。有二种树蛙。其一为 Hyla arborea immaculata 体细小,其其足趾有小圆体。其一为 Hyla chinensis 其体较前略胖,足趾间之圆体较大。此二种蛙之背作美丽之绿色,其下部或黄或白与其环境颇相衬合。第二种之后腿两旁及其胁旁多黑点甚显著。此特点足以辨别以上二种之不同,在晚间雨后此种蛙常喧噪田间。其居处常在树中丛叶内或芦苇干上或跳跃于树上。其次为小树蛙(Microhyla),即本处蛙类中最小之一种。其体之全部长不及 20 mm。其背为青褐色或灰青色,其小瘿之色为红或深灰。有黑带一条自鼻端,经眼眶,及胁之上部而达于腰。其四肢之背有斜黑纹,其喉与腹大半褐色或灰色且有白点。此种小蛙常居于陆地泾泥中,不居水中。蟾蜍二种皆甚普通,维其中一种名 Bufo bankorensis 散布不广,似为南京所特产。Bufo bufo asiaticus 及 joponicus 则分布甚广,Bufo bankoreneis 与 Bufo bufo 各不相同。其四肢皮上之瘿不多而其体较瘦小。

爬虫类

此类动物之采集较完全。其种类不多。据本所所得者，有八种蜥蜴，二种龟，十五种蛇。蜥蜴类有壁虎(Gecko joponicus) Eümeces latisculatus, Eumeces elgans, Eumeces chinensis, Leiopisma laterale, Sphenom orphus indicus, Takydromus septentrionalnis，壁虎在南京极普通，与中国北方所产之Geckosuinhoenis及西方及中部所产之Gecko palmatus不同，其皮有结节比较大而多，且其足趾间之膜发育不甚完全。其生长区域自香港沿海滨达于山东，侵入长江流域，溯流而上，远至宜昌。说者谓其附于商货，各处散布糜有只止，高丽及乌苏里(Ussure Country)等地亦已侵入云。蓝尾蜥蜴(Eumeces elegans)在南京亦极普通，其尾之碧蓝色表示其发育尚未健全。当其长成时，其尾变为纯黄色而非体之两旁有红或紫色之点。此类普通称之为美丽蜥蜴(eleganl skink)。其分布区域远至浙江与福建，余曾于普陀及厦门见之。中国蜥蜴(Chinese skink, Eumeces chinensis)当幼时其色亦蓝，胸部与颈之旁亦有红紫点，维其不同之点，则此类背上有黄色纵纹三而蓝尾蜥蜴有纵纹五。此类长成时有不规则之白点三串而一则无之。其他蜥蜴 Eimeces lastiscutatus 比以上二种略小，其色上部完全青灰色有白色与深褐色之纹二条，自眼经耳孔达于尾此种辨别之甚易。长尾蜥蜴(Takydromus septentrionalis)亦极普通。其特异之点在其小弱之躯，其鳞有隆起之纵纹及其长尾。其背有褐色带纹一，附以黑点，缘有黄绿色之纹。其旁有黑线一条。其旁之色为浅蓝，其下部之色为淡绿白色。其次较小而不普通者有吴氏蜥蜴(Takydromus wolteri)其色褐灰，其背与旁无显著之纹。此二种于草田间常见之，有时亦往来于矮树之巅。小蜥蜴(Leiolopisma laterale)常于城墙上见之。其鳞片小而光滑，其四肢弱小。印度蜥蜴(Sphenomorphus indicus)身躯较大，其背有黑点甚显著，有时每边各分二排因之辨别甚易。

以上所举诸种蜥蜴大半于残石下或摧折之树干下见之，在春初皆不甚活动。其产生最多之处为栖霞山。时届暮春夏秋，其行动最为灵活，砾场草莽间往来迅疾。偶有捕之，往往以石隙为逋逃薮。

鼍(Allegator)在南京未尝见过。余曾于当涂得一只,长约六英尺。当涂在南京之西二十英里,在芜湖之东二十英里。芜湖为此类产生最盛之区。此类名称为中国鼍(Allegator sniensis)。

南京普通龟类有两种,软甲或泥龟(trionyx sinensis)及地龟,(Reeve's terrapin, Geoclemys reevesii)。第一种之特点在其甲柔级,其四肢及其他部分无鳞片。南京河流中常见之,可为食料。其他一种,甲坚硬,上有隆起之迹三条,中间一条,二旁各一,其头部有黄色之线纹,尤以面部为多。龟在池塘中亦甚常见,有时爬上陆地栖于可以久安之区。

爬虫类中最后一种为蛇,以下第举其大略。余等在南京所已得者有十四种。请先举其三种普通之蛇:环纹蛇(ringed snake, Natrix annu'aris),其皮暗红有黑色直条甚多互相连续,自一旁至他一旁连成半环;虎蛇(tiger snake, Natrix tigrina lateralis)在南京产生甚多,上面深绿,或如橄榄,下面青白色,有相间之红黑点或短斑。红点聚于身之前部,黑点愈近于尾部愈小,而后部与尾部遂作深绿色。鱼蛇(fish snake, Natrix piscicator)缺乏鲜明色彩,上面有细小黑点极多,两旁各有三条黑纹。以上三种中,环纹蛇产于长江流域,上流至于九江以上,下流及于上海,而浙江福建亦有之。虎皮蛇在中国之北部与中部最为普通,然据余等所见,除南京而外浙江亦有之。鱼蛇在中国南方分布最广,除南京而外温州亦有,余又尝得数尾于厦门。本区蛇类不能一一详述。兹于Natricidae科之属略举各种之名以示一斑。其名如次:领纹蛇(Chinese colored snake, Sbynophis collaris chinensis),Coluber spinalis, Holarchus chinensis, Enhydris chinensis, Achalinus spinalis, Zaocys dhumnades dhummades;红条蛇(red banded snake, Dinodon rufozonatum rufozonatum)及四种普通蛇曲尾蛇(curved tailed snake, Elaphe taeniura),二斑蛇(two spotted snake, Elaphe bimaculata),红背蛇(redback snake, Elaphe rufodorsata),隆脊蛇(keeled snake, Elaphe carineata)。以上诸种皆无毒害。毒蛇科(Crotalidae)中有一种毒蛇即土公蛇(halys viper, Agkistrodon halys brevicaudus)其色灰褐色,有圆大深褐色黑点,或环以条纹之黑点甚多,头顶有阔黑条纹。据说竹青蛇(green bambo snake, Tremeresurus graminius)南京亦产,维以余采集所及,此类美丽之蛇从未遇着,即邻近南京之区亦未之见也。

鸟

鸟类约有四五百种。其中至普通者居五分之一。其种甚繁,不胜枚举。下列诸种其最著者可以代表三十余科,兹特依其自然程序历举之。鷿鷈科(Podicipedidae)有东方小鷿鷈一种 Podiceps ruficolis poggei;鹚鸬科(Phalacrocoracidae)有鸬鹚(Phalacorocorax carbo sinensis);鹭科(Ardeidae)有塘鹭(pond heron, Ardeala bacehus),小麻鳽(little bittern, Ixobrychus sinensis),大麻鳽(great bittern, Botaurus stellaris),灰鹭(gray heron, Ardea Cinereajonyi),夜鹭(night heron, nycticorax Nycticorax)等。鸭科(Anatidae)有凫(mallard duck, Anas platyrhnchus),金眼凫(golden eye duck, Clangula clangula),鸳鸯(mandarin duck, Aix galericulata)为此类中最美丽者,雁(bean goose, Anser fabalis),小鹅(pygmy goose 或 Cotton teal, Nettapus Coromandelians),绿翼鹅(green winged teal, Nitteon crecca);鹰科(Falconidae)有鹗(osprey, Pandion haliaetus)等;鸢科(Buteonidae)有鹞(sparrow hawks, Accipiter nisus),鸢(black-eared kite, Milvus melanotis)等;雉科(Phasianidae)有山鸡(ringnecked pheasant, Phasianus torquatus),鹑(common quail, coturnis coturnix);秧鸡科(rail, Rallidae)有鹬(moor hen, Gallinula chloropus),水鸡(water cock, Gallicrex cinerea),大鹬(coot, Fulica atra L),白胸水鸡(white breasted water hen, Amaurornis phoenicurus);千鸟科(Charadrüdae)有斑雨鸟(Eastern dotted plover, Ochthodromus veredus),灰头夏鸡(gray headed lapwing, Microsarcops cinereus);水雉科(Jacanidae)有水雉(pheasant tailed jacana, Hydrophasianus chirrergus);鸥科(Laridae)有笑鸥(laughing gull, Larus ridibundus),黄腿鸥(yellow-legged herring gull, Larus cachinnans)等;鸽科(Columlidae)有斑鸠(spottednecked dove, Spilopilia chinensis),雉鸽(blue pegion, Turtur orientalis),龟鸠(oriental turtle dove, Streptopelia orientalis)等;鸤鸠科(Cuculidae)有鸤鸠(Eastern cuckoo, Cuculus canorus telephonus)，印度杜鹃(Indian cuckoo，Cuculus micropterus micropterus)等；鱼狗科(Alcedinidae)有小翠鸟(little blue kingfisher，Alced ispida bengalensis Gm.)；鸱鸮科(Strigidae)有小鸱鸮(Glaucidium whiteleyi)；啄木鸟科(Picidae)有绿啄木鸟(Yangtse green Wood pecker，Picus guerini)，大啄木鸟(pied wood-pecker，Dryobates canbanisi)，红头啄木鸟(spark headed wood picker，Yungipicus scintilliceps)；百灵鸟科(Alaubidae)有百灵(sky lark，Alaudaavensis)；鹡鸰科(Motacillidae)有白面鹡鸰(white faced waytail，Motacilla ceucopsis)；画眉科(Timeliidae)有黑面画眉(spectacled laughing thrush，Dryonastes perspicillatus)，画眉(brown laughing thrush or hwamei，Trochalopteron canorum L)；鸫科(Turdidae)有灰背鸫(gray backed ousel，Turdus hortulorum)，红尾鸫(redtailed ousel，Turdus naumanni)；莺科(Sylviidae)有苇雀(Eastern great reed warbler，Acrocephalus arundinaceus arundinaceus)，灌木雀(Chinese bush warbler，Horornis canturiaus)等；鹎科(Pycnonotidae)有白头翁(white head bulbul，Hysipetes leucocephalus)，黑头翁(black head bulbul，Pycnonotes sinensis)；燕科有燕(Eastern house swallow，Hirundo gutturalis)等；山椒鸟科(Campephagidae)有灰山椒鸟(gray minivet，Pericrocotus cinerus)，鹎鹀科(Dicruridae)有毛鸽鹎鹀(Chinese hair crested drongo，Chibia hottentotta brevirostris)；蜡翼科(Ampelidae)有太平鸟(Bohemian wax wing，Ampelis garrulus)；伯劳科(Laniidae)有扈伯劳(bull-headed shrike，Lanius bucephalus)等；山雀科(Paridae)有银喉山雀(silver throated tit，Aegithalos glaucogularis)；相思鸟科(Paradoxonithidae)有郝氏相思鸟(Heude's crowtit，Paradoxornis heudei)，韦氏相思鸟(Webb's cowtit，Suthora webbian Gray)；鹂科(Oiolidae)有黄鹂(yellow oiole，Oiolus diffusus)；鸦鹊科(Corvidae)有蓝鹊(Chinese blue magpie，Urocissa sinensis)，喜鹊(pied magpie，Pica pica sericea)，燕乌(pied jackdaw，Coleus dauri cus)，大嘴鸦(large billed crow，Corvus macrorhynchus)，天青鹊(azurewinged magpie，Cyanopica cyanus swinhoei)，白领鸦(ringed crow，Corvus torquatus)等，掠鸟科(Starnidae)有灰掠鸟(gray starling，

Spodiopsar cineraceus)，八哥(gresto mynah，Aethiopsar cristatellus)；雀科(Fringillidae)有黄喉鹀(yellow throated bunting，Emberiza elgans)，蜡嘴(bull-headed hawfinch，Eophona melanura)，灰头鹀(gray-headed bunting，Emberiza spodocephala melanops)，锈红雀(ruddy sparrow，Passer rutilaus)，家雀(tree sparrow，Passer montanus)，黄雀(siskin，Spinus spinus)，栗鹀(chestnut bunting，Emberiza cioides)。此皆采集所得之最普通者，非本区鸟类尽于此也。其未为余等所采得者尚属不少。余非鸟类学家，以上所举，余认为最普通或比较普通之鸟类也。

哺乳动物

脊椎动物最上者为哺乳类，然在南京种类不多。其故由于人烟稠密，森林希少，而猎弋又不加禁止。沿扬子江及八卦洲麞[①](water dear，Hydropotes inmernis)常常可见。此鹿无角，雄者有长牙一对。其前足较短，故其躯前俯后仰，其肉南京人多喜食之。野猪(wild boar，Sus paludosus)产于南京城附近之山中如宝华山、栖霞山等处，此兽不如麞之普通，身躯颇重，性极凶猛。常以身磨擦松树，往往其皮为松脂所涂。此兽非细弹足以致其死命。其驱驰之猛有时小树竟为冲倒。在扬子江中余等常得江豚(finless porpoise，Neomeris phocaenoides)。此种兽在附近城区之江内可以见之，其长成时约长六英尺。其趋向上流，远至宜昌，洞庭湖内亦常见之。狼类(Canis sp.)山中尚有之，惟不多见。此种兽与欧洲之狼颇相似。伶鼬(weasel，Mustela melampus)常于城内荒园废屋中得之，其毛笔工颇重视，为制笔之用。獾(badgers)有二种于城外田间得之。所谓狗獾(dogbadger，meles toxus)身躯比较弱小，而猪獾(pigbadger，Arctonyx callaris)比较胖大，且有坚毛。两种分别甚易。前一种之颊上色极淡，而后一种之毛比较深褐。南京啮齿动物有三种鼠，一种野兔。鼠有 Mus musculus，Mus decumanas 及 Mus norvegicus，皆极普通随处可见。兔之一种(Lepus brachyurus)亦常见。在冬季山鸡与麞猎人常持之求售于市，兔则偶或见之。豪猪(porcupine)闻亦

① “麞”今写作“獐”。——校者注

产于镇江。余得一皮为人所赠。维其出处尚未能确定。食虫哺乳类余等只有一种鼹鼠(mole)与一种刺猬(hedgehog, Erinaeeus hanensis),皆极希少。蝙蝠有两种,一为较大的褐色蝙蝠(Rhinolophus rouxi)及一种小蝙蝠(Iaio),在夏季最多,收集亦易。此外或者更有一二种,维余则尚未见也。总之南京之哺乳类动物其种类不多,所有者其为数亦极少也。

以上为南京动物之梗概,疏漏之处在所不免。凡足资调查及研究者其种类尚多,继续采集而审定之,是所望于好学之士矣。

以研究动物而论,余认为南京有四种特点。

一　南京有特殊之地势。城内与其附廓之区有山泽、湖流、树木、竹林,皆采集之好区域。动物学家如欲作野外采集与观察,均可在其所居之附近作工,不必远行也。近来紫金山与玄武湖禁止钓弋。鸟类与哺乳类可藉之保证其生命,而动物家欲研究动物与环境之关系者,可就此二处为之也。

二　本区足以代表长江下游,自芜湖至吴淞,南京之动物与下游一带区域内所产生者极相似。是以南京之动物诚能研究无遗,则长江下游区域之动物大概可以考证无误也。

三　南京在冬季有北方气候而在夏季则与北方不同。有潮气与热气。动物受此种气候之应响,其变化足供动物家之研究也。

四　淡水中无脊椎动物最有趣味,据上所述余等已调查原始动物甚多,维淡水中之海绵类、虫类、昆虫类、软体类等尚有待于研究。此种动物畜于池塘之法及其经济等研究允宜实行,而淡水生物学之工作,乃不可忽者也。

有许多种类尚在未知之列,中国科学社生物研究所现在竭力进行其采集与研究,庶几将来于南京之自然史可以加增许多之材料也。